学生科学假设
能力培养

认识教学本质
研究科学假设

许应华 著

江苏大学出版社
JIANGSU UNIVERSITY PRESS

镇 江

图书在版编目(CIP)数据

学生科学假设能力培养 / 许应华著. — 镇江：江苏大学出版社，2020.8(2022.8 重印)
　ISBN 978-7-5684-1396-1

　Ⅰ. ①学… Ⅱ. ①许… Ⅲ. ①科学研究－能力培养
Ⅳ. ①G304

中国版本图书馆 CIP 数据核字(2020)第 141893 号

学生科学假设能力培养
Xuesheng Kexue Jiashe Nengli Peiyang

著　　者/许应华
责任编辑/吴蒙蒙　仲　蕙
出版发行/江苏大学出版社
地　　址/江苏省镇江市京口区学府路 301 号(邮编：212013)
电　　话/0511-84446464(传真)
网　　址/http：//press.ujs.edu.cn
排　　版/镇江市江东印刷有限责任公司
印　　刷/广东虎彩云印刷有限公司
开　　本/710 mm×1 000 mm　1/16
印　　张/12.5
字　　数/211 千字
版　　次/2020 年 8 月第 1 版
印　　次/2022 年 8 月第 2 次印刷
书　　号/ISBN 978-7-5684-1396-1
定　　价/45.00 元

如有印装质量问题请与本社营销部联系(电话：0511-84440882)

前　　言

　　探究教学是当前科学课程改革提倡的一种教学方式,但在实施中存在各种不规范的现象。其中,忽视学生假设环节及围绕着假设的论证活动是探究教学失范的主要原因。造成这种现象的根源在于人们对科学探究中的假设环节缺乏认识。要使得教师更好地实施探究教学,就必须对假设环节进行精细化研究。教学的主要对象是学生,探究教学的目标是培养学生的科学探究能力。学生是否具备顺利提出合理科学假设的心理特征,能否提出科学合理的假设,是科学探究能力的一部分,我们称为科学假设能力。科学假设环节的精细化研究是学生科学假设能力研究的基础和依据。这里涉及这样几个问题需要探索:科学家的探究是否需要假设环节? 如果科学家探究需要假设环节,他们如何提出合理的科学假设? 其思维过程是什么? 教学中的科学探究和科学家的探究本质是否相同,是否需要假设环节? 科学假设能力的构成要素和结构如何? 当前学生科学假设能力的现状如何,又有哪些影响因素? 如何培养学生的科学假设能力?

　　第一,本书分别从科学哲学、教育学、心理学等方面,系统整理了科学假设的含义、科学假设的形成逻辑、假设的质量评价、学生科学假设能力的评价和现状、培养学生科学假设能力的教学策略、学生假设检验思维策略、学生假设年龄阶段等研究成果。从这些研究中找出需要解决的问题和理论基础。

　　第二,主要探讨科学探究是否需要假设环节。有学者认为假设环节很重要,比如罗星凯教授认为假设环节是探究教学的核心,不可或缺;但又有学者认为探究教学可以不需要假设环节,有些教师在实施探究教学中把假设环节当成一种摆设。本书列举了当前科学教育界和科学哲学界关于科学探究的假设环节存在的种种争议,从人脑处理信息的过程、认知发生论和心理模型理论、科学史等视角研究科学探究的本质。结果发现,科学探究是研究者面对问题,提出假设,再对假设进行循环论证以找出最佳解释的活动。假设是科学探究的必备环节。

第三,探讨科学假设能力结构模型和构成要素。要建构科学假设能力结构模型,必须探讨科学假设形成的思维过程。本书基于产褥热病因的发现和卢瑟福原子结构模型的建构两则科学史实,概括出了科学家形成合理假设的思维过程,研究了科学假设与科学证据、支持理论及元认知的关系。在上述研究的基础上,本书建构了学生科学假设能力的构成要素和结构模型。

第四,根据相关文献归纳出科学假设形成的影响因素,选择小学六年级学生(年龄约 12 周岁)、高中一二年级学生(年龄约 16 周岁)和师范院校大学二年级理科学生(年龄超过 18 周岁)三个不同年龄阶段的学生作为研究对象,分年龄阶段研究陈述性知识和溯因推理能力对学生科学假设能力的影响。结果发现,小学六年级学生即使具备相应的陈述性知识,也难以提出合理的假设,因为这类学生不具备相应的溯因推理能力。具备相关陈述性知识 16 ~ 18 周岁的学生大多能基于宏观现象提出假设,但在假设的多样性和提出微观表征的假设方面表现很差。相比而言,18 周岁以上的学生在提出假设的多样性、合理性、涉及微观表征的假设等方面较强,且与 16 ~ 18 周岁的学生存在显著性差异。学生的年龄越大,溯因推理能力越强。

第五,调查研究对象科学假设能力的现状。结果发现,在同一年龄,学业成就高的学生提出假设的层级更高,更能写出支持假设的合理依据,且与学业成就低的学生存在显著性差异。在不同年龄阶段,都未学过相关知识的 18 周岁以上的学生与 16 ~ 18 周岁的学生提出假设的层级无显著性差异,但更能写出支持假设的合理依据。在同一年龄阶段,学过相关知识的 18 周岁以上的学生比未学过相关知识的学生更能提出抽象假设,且更能写出支持假设的合理依据。在利用证据能力方面,各类学生表现都很差,且不存在差异。总体来看,学生提出假设的层级较低,很少有学生能提出抽象(微观表征)假设,能写出假设合理依据的学生更少;绝大多数学生不能协调假设、证据和理由的关系。

第六,主要探讨科学假设能力培养策略和模式。本书根据学生年龄特点、科学假设能力的结构模型,研究了科学假设能力培养的教学策略;基于科学家提出假设思维的具体过程、脑科学处理假设的逻辑过程和溯因推理理论,建构了科学假设形成教学模式,探讨了该模式的操作过程,并列举了相关案例进行说明;同时,研究了科学假设论证教学,设计了科学假设论证学习进程。

第七,通过教学实验研究比较简单探究教学(忽略了假设形成、假设论证环节)与科学假设形成和论证教学对学生科学假设的层级、证据利用与假设依据的提取能力的影响差异。经教学实验后发现,科学假设形成和论证教学能提高学生科学假设三个方面的能力,且学生更能协调假设、证据和理论依据三者之间的关系,而简单探究教学仅能提高学生科学假设的层级。

结语部分总结了本书提出的一些观点和结论,这些观点和结论对教师有效开展探究教学、培养学生的假设能力具有重要的理论和实践意义。

目　录

引　言

一、研究背景

受国际科学教育改革浪潮的影响,我国目前的基础教育理科课程标准把科学探究放在了核心的位置。《全日制义务教育科学课程标准(3～6年级)》指出:"科学学习要以探究为核心。科学探究既是重要的学习方式,也是理科课程的重要内容。科学探究的形式是多种多样的,其要素有提出问题、猜想与假设、制订计划、进行实验、收集证据、解释与结论、反思与评价、表达与交流,其探究过程可以涉及所有要素,也可以涉及部分要素。提出假设并设计实验加以检验是科学探究的核心环节。假设在科学探究中起承上启下的作用,它既是对研究的问题所进行的一种科学预见的活动,同时又为下一环节的制订计划起导向作用。假设是对可观察到的现象进行的解释,产生假设是科学推理和科学发现的核心。要实施真正的探究式学习,就不能省掉假说这一环节,以及为催生假说而精心设计的活动。"[①]目前,现实的探究教学及其研究存在很多问题。

(一)探究教学存在种种失范现象

探究学习是我国目前科学教学倡导的一种主要的学习方式,也是新课程改革的突破口。虽然科学探究有一定的方法和步骤,教师也有章可循,但是在实践中却存在种种问题。

其一,科学教学中的探究学习过于简单化、程序化,以致无法反映真实的科

---

① "科学探究性学习的理论与实验研究"课题组.探究式学习:含义、特征及核心要素[J].教育研究,2001(12):52-56.

学,甚至扭曲科学的本质,是当前突出的问题。这表现在,教师把科学探究当成"动手做"的活动,至于其他探究技能,如观察、假设、讨论交流等技能都被形式化了,在这种情况下,师生虽然经历一系列探究活动,最后得到一个确定的科学知识,但是过程中没有批判、争论和协商。真正的科学探究是师生围绕着各自的观点(假设)进行辩论的活动,不仅仅是"做",更多的是交流、批判性讨论。有学者研究发现,科学家花费 58% 的工作时间在交流方面①,真正动手做的时间很少,可以说,交流是科学家获得创造性思想的主要来源,而观点(假设)是交流、批判的重要支撑点。因此,打破科学探究程序化的重要手段是科学假设的产生及设计围绕着假设的论证活动。

其二,探究学习过于随意化。这种现象在课堂中也常见,即认为,只要有问题,就探究一番,没有固定的方向,最后是"脚踩西瓜皮——滑到哪儿算哪儿"。造成这种现象的主要原因:一是不会选择探究问题②;二是猜想过多,任何猜想都要验证一下,不会对多种猜想进行筛选。而一个好的假设决定了探究的方向,使其不会随意探究。

其三,不会根据学生的年龄特征来设计探究问题。目前,在探究教学中,探究的问题过难和过易随处可见,教师很难选择出适合自己学生年龄阶段的探究问题。确定哪些问题学生能够探究,哪些又超出了学生认知范围,关键因素是学生围绕着问题能否提出合理的假设。因为假设是科学探究的中心环节,不能提出合理的假设意味着之后的验证、交流等活动都是空谈。因此,了解各个年龄阶段的学生达到什么假设层次、假设的能力水平如何就显得非常重要了。

由此可见,造成探究教学失范现象的关键原因是忽视科学假设的形成及论证活动。现在大多数教科书只重视假设的检验,如设计实验、控制变量、数据处理等,而对学生提出假设并不关注,比如如何评价学生假设的质量、假设如何提出,又是如何利用证据的等。假设是学生表达观点、交流和自由创造的活动,忽视学生的假设活动就等于扭曲真实的科学探究。科学课堂教学中也是如此,教师在探究教学中往往把假设当成一种摆设,同样偏重于检验。这是因为我国科

① Phillips L M. Bridging the gap between the language of science and the language of school science through the use of adapted primary literature[J]. Research in Science Education, 2009(39):313-319.
② 曾楚清. 探究式课堂教学的几个误区及其纠正策略[J]. 学科教育, 2004(2):24-27.

学教育还是基于传统的实证主义科学观,即把科学看成一种静态的知识体系,认为只要遵循一定的科学方法就能获得科学真理、科学是价值中立的……这些指导观念必然导致教师忽视探究教学的假设环节。因此,有必要对科学探究的假设环节进行深入研究。

(二) 对探究教学中假设环节的研究不够精细

科学探究能力是一种复杂的综合性能力。李春密等认为科学探究能力包含120种不同的要素,每一种要素代表一个基本探究能力单元[①]。从科学探究的步骤来看,中学生科学探究能力由提出问题能力、猜想与假设能力、制订计划、进行实验、收集证据、解释与总结、反思与评价、表达与交流8种能力构成,其中每种能力又包含若干要素。也有研究者把科学探究这个整体分为各种技能,如美国科学促进协会(American Association for the Advancement of Science,AAAS)以“探究学习”为核心编写的小学理科教材《科学—探究的过程》(SAPA)通过对探究活动的分析,从各种科学探究活动中抽取13种具体的过程技能:观察、分类、应用数字、测量、应用空间和时间关系、交流、预测、推理、下定义、形成假设、解释数据、控制变量、实验。这些技能彼此紧密联系,统一在探究活动中。其中,前8种为基本技能,后5种为整合技能[②]。目前,人们大多集中于对探究学习的整体进行研究,如研究探究学习的理论基础、应用误区、结合学科具体实施等。虽然这些研究很重要,但光有整体是不够的,因为整体总是由要素组成,不把握要素就很难了解整体。因此,要评价学生的科学探究能力,了解学生的科学探究能力现状,发展学生的科学探究能力,就必须对科学探究能力的构成要素进行精细化的研究;而假设是探究技能和探究能力的核心,就更有必要深入研究。假设能力本身也是一种综合能力,它也由多种要素构成,对假设能力的构成要素和结构进行深入研究能为加强探究教学提供理论支持和实践指导。

(三) 对学生科学假设能力的培养缺乏认识

在科学教学中,培养学生的探究能力、增强学生对探究的认识是当前教学的主要目标之一,但对于如何培养学生的探究能力存在着不同的观点。一种观点

① 李春密,梁洁,蔡美洁. 中学生科学探究能力结构模型初探[J]. 课程·教材·教法,2004(6):86-90.
② 靳玉乐. 探究学习论[M]. 重庆:西南师范大学出版社,2001:4-6.

认为,科学探究能力是学生在自身探究实践中潜移默化获得的,不需要显性地教给学生科学探究方法;另一种观点则提倡教给学生明确的探究方法,因为方法比科学知识内容重要。当前大多数学者都赞同后一种观点(郭玉英,2005)[1]。由于一些教育学者或教师还不了解科学假设形成的逻辑机制、科学假设能力的构成要素和结构,因而难以建构适当的培养学生科学假设能力的教学模式。

对科学假设缺乏认识还表现为猜想和假设不分[2],即探究教学中,不清楚哪些是猜想、哪些是假设,将两者混为一谈。在《全日制义务教育:科学(3~6年级)课程标准(实验稿)》中猜想与假设是放在一起作为科学探究的第二个环节被提出来的,其具体内容标准为,一是能应用已有知识和经验对所观察的现象做假设性解释,二是能区分什么是假设、什么是事实;活动建议为,在动手实验之前,让学生对实验结果进行假设和预测,如对"三棵树为什么会变得如此不同呢?"这一问题让学生们提出各自的看法(提出初步的猜想或假设)[3]。这样看来,"猜想"与"假设"在一定程度上被当作同义词使用。在实际的教学与研究中也有着很多共用、混用的情况。这些情况表明目前很多科学教育者对"猜想"与"假设"内涵的理解混乱,正是这种理解混乱的状况,致使教师在教育教学研究与实际教学过程中对"猜想"与"假设"把握不准。学生在什么年龄阶段应以猜想为主,发展到什么年龄阶段应会提出假设,对此需进行一定的探讨。

总之,探讨学生假设能力的结构、构成要素、发展水平,以及建构培养学生科学假设能力的教学理论,无疑是当前科学教育重要的研究课题。

二、概念界定

(一) 科学探究

科学探究原意是指人们在某种信念或理论的指导下,对自然现象和问题所做的调查和研究。通过科学探究,人们能发现自然界客观事物之间存在的本质联系,揭示自然发展规律。现在,科学探究涉及的范围更加广泛,它不但指科学

① 郭玉英. 学生的科学探究能力:国外的研究及启示[J]. 课程·教材·教法,2005(7):93-96.
② 殷蕊. 从猜想到假设[J]. 中小学教学研究,2007(1):40-42.
③ 中华人民共和国教育部制定. 全日制义务教育:科学(3~6年级)课程标准(实验稿)[S]. 北京:北京师范大学出版社,2001.

家所做的工作,也可以作为教与学的过程(Kyle,1980)①。美国《国家科学教育标准》对科学探究的表述为,科学探究是指科学家用来研究自然界并根据研究所获事实证据做出解释的方式。科学探究也是指学生建构知识、形成科学观点、领悟科学研究方法的各种活动。因此,科学探究既是科学认识论的组成部分,又指学生的课堂探究活动。

(二)探究教学

探究教学本身也具有两种含义,即以探究为方法的教学和以探究为内容的教学。前者将科学探究作为一种教学模式来进行科学知识教学,它的主要目标是让学生掌握科学知识;后者将科学探究作为教学内容,它的主要目标是让学生掌握科学探究的技能和方法,并不涉及科学知识(Anderson,2007)。在我国,针对探究教学的两种含义并未做严格的区分,只是侧重于作为教学模式的探究教学。如周仕东将探究教学定义为,学生在教师的组织引导下,针对有探究价值的问题,主动获取证据、进行假设、检验和交流,从而逐步理解科学的本质和价值,发展自身科学素养的一系列活动②。这个定义很难说探究教学仅是一种教学模式,因为此过程也能使学生掌握科学探究技能和方法。

本书更侧重于将探究教学视为教学内容层面,当然也包含教学模式。

(三)猜想

"猜想"在《现代汉语词典》中被解释为"猜测",而"猜测"被解释为"推测;凭想象估计"。在科学探究过程中,猜想是学生根据已有知识和经验对所探究问题的成因提出可能的解释。它开始于想象、直觉,既没有充足理由也没有严密逻辑推理,主观性很强。

当人们发现新的事实与原有的理论或理论矛盾及理论之间相矛盾的时候,就自然会提出种种猜想。这些猜想在开始时总是多元的、尝试性的。当人们对其细加考察时,便发现它们之中大部分没有充分的事实和理论作基础。因此,猜想具有随意性,缺乏可检验性。

---

① Kyle W C. The distinction between inquiry and scientific inquiry and why high school students should be cognizant of distinction[J]. Journal of Research in Science Teaching,1980,17(2):123－130.
② 周仕东.科学哲学视野下的科学探究教学研究[D].长春:东北师范大学,2008.

（四）假设

"假设"在《现代汉语词典》中作为名词的含义是"科学研究上对客观事物的假定的说明,假设要根据事实提出,经过实践证明是正确的,就成为理论"。

猜想可以转变为假设,对猜想进行修改、精炼,使其符合逻辑推理,并用准确的科学语言表达出来,而且得到了有关事实、理论的支持,猜想就转变为科学假说。这就是说,假设的形成过程,即由猜想变为假说的过程,本身就是一个对其真理性所做的批判性检验过程。

我们对假设的界定是,在特定问题情境下,在多个变量之中提出的一个可以检验的经验性解释。一个合格的假设必须满足以下 5 个条件:① 有意义;② 以经验为基础;③ 是条件充足的;④ 是精确的;⑤ 陈述了一个检验[①]。

（五）科学假设能力

能力是在活动中形成和发展起来的,是人们顺利完成某种活动的个性心理特征[②]。假设活动是学生面对要解决的问题,搜索与问题相关的信息,并利用已经掌握的信息和对问题的理解方式,对问题的结果进行猜想,提出假设,以确定解决问题的大致框架。这个过程表面看似简单,实际它是一个集认知、理解、回忆、分析、推理、直觉等过程为一体的复杂的心理历程,是一个重要的收集和整理信息的过程。相应地,假设能力是顺利完成假设活动的复杂的心理历程所具备的个性心理特征。从另一个角度来看,假设是科学工作者在经验不足的情况下进行的一种理论虚构,而思维创造的一个十分显著的特征是科学家的理论虚构[③],从这个意义上来说,假设能力也是一种重要的创造能力。

三、研究问题与方法

（一）研究问题

本书主要研究探究教学中的假设能力及其培养,这些研究问题来自研究背景,

① Quinn M E,George K D. Teaching hypothesis formation[J]. Science Education, 1975,59(3):289 – 296.
② 瓦托夫斯基. 科学思想的概念基础[M]. 范岱年,译. 北京:求实出版社,1989:26.
③ 张旺. 科学创造和科学素质培养[J]. 教育研究. 1999(10):17 – 22.

以及第一章国内外文献综述中发现的研究不足和不完善之处。

第一，本书无法避免"科学探究是否一定需要假设环节"这一问题。这个问题在探究教学中存在很多争议，甚至科学哲学学者也持不同的观点。因此，必须先厘清这个认识。

第二，还必须研究科学假设形成的逻辑机制，即科学家提出假设的具体思维过程。科学哲学研究者对假设形成过程的研究集中在探讨其逻辑机制上。在心理学方面，关于假设的研究主要集中在学生假设检验思维的研究，还未发现对被试假设形成的思维过程的研究成果，心理学所用的研究工具大多数是日常生活经验的一些判断，很少利用异常自然现象作为研究工具来研究学生的假设思维过程。因此，心理学关于假设的研究有借鉴价值，但由于所用的研究工具不同，可能得出的结论与教育学对学生假设能力的研究有差异。在科学教育方面，结合心理学和科学哲学研究成果，研究者仅探讨的是学生提出科学假设所用的推理方法，还没有发现探讨学生科学假设提出思维过程的研究。

第三，各类学生科学假设能力的现状、特点还需要进行系统研究。科学教育研究者探讨了科学假设能力的要素、科学假设能力的评价标准，但这些研究缺乏科学哲学、脑科学、科学史等理论依据。由于对科学假设形成过程认识不清，导致对科学假设能力的构成要素建构不全面，因而其科学性也值得怀疑。关于科学假设能力结构的研究还未见相关成果。教育学者主要集中在研究同一年龄阶段学生的假设能力现状、影响因素等，还没有系统研究各个不同年龄阶段学生科学假设能力的特点、影响因素等。虽然心理学有这方面的相关研究，但所用的研究工具与教育学区别很大，且心理学并未研究科学假设能力的构成要素。

第四，科学假设能力培养的教学策略和模式需要研究。培养学生假设能力的教学研究方面有一些成果，研究者大多数是一线教师，关键是这些教学研究的科学哲学理论基础还是基于逻辑实证主义科学观、皮亚杰的个人建构主义，或基于个人的经验。因为没有科学假设的形成过程、科学假设能力的构成要素和结构等研究基础，所以这些教学研究成果缺乏科学性。其他相关研究也很少发现有实验研究成果。为了弥补这些缺陷，本书需要建构新的教学模式，并采用实验研究来进行验证。

（二）研究方法

本书采用理论和实证研究相结合的研究方法，根据研究问题的特点，主要采用以下研究方法：

（1）文献研究法。通过对已有文献的研究，了解当前科学假设能力研究的现状，确定需要研究的问题，找出本书的理论基础。

（2）问卷调查法。通过自编问卷，调查学生科学假设能力的现状，为建构培养学生科学假设能力的教学策略和模式提供参考。

（3）定性研究方法。定性研究方法主要采用深度访谈、作业分析法，用来弥补问卷调查的不足，以达到互相印证的目的。

（4）实验法。为了验证所建构的科学假设能力培养的教学模式，本书最后采用教育实验法。

（三）研究对象

根据皮亚杰（Piaget）和劳森（Lawson）的观点对学生假设年龄阶段的划分。皮亚杰认为，形式运算期的儿童（年龄在 11 周岁左右）具备假设检验能力，且具有控制变量意识。劳森认为，11 周岁的儿童只能根据可观察的宏观实体提出假设，不能根据不可观测的实体提出假设，而要达到此能力需要年龄达到 18 周岁左右。本书将研究对象选择为小学六年级学生（年龄约 12 周岁）、高中一二年级学生（年龄约 16 周岁）、师范院校大学二年级理科学生（年龄超过 18 周岁）。虽然本书选择了部分低年级的大学生作为研究对象，但所研究的问题还是基础教育中的课题。

四、本书的研究意义和创新点

（一）研究意义

1. 理论意义

在理论方面，其一，建构了科学假设能力结构模型。目前国内外还未发现关于科学假设能力结构的研究成果。其二，对皮亚杰的认知发展论进行完善。皮亚杰认为，11 周岁以上的儿童就具备假设能力，但假设能力本身也有不同的水平，假设也分不同的层级。因此，对超过 11 周岁不同年龄阶段学生的假设能力发展的水平、影响因素等研究成果可以完善皮亚杰的认知发展论。其三,发展培养学生假设能力的教学理论。通过对探究教学的核心要素"假设"进行精细化研究,从而建构培养学生假设能力的教学策略和模式。

2.实践意义

本书了解不同年龄阶段学生的假设能力的现状和发展情况,对教师开展探究教学、编制教科书及命题等都具有重要的参考意义,符合当前课程改革的需要。本书建构的假设能力结构模型、教学模式和策略能为学校教师培养学生假设能力教学提供一套具有可操作性的模式。

(二)研究的创新点

(1)更正模糊观念。基于脑科学的研究和对科学家具体发现过程的追溯,纠正当前针对11周岁以上学生的"科学探究不一定需要假设环节"的模糊观念。

(2)理论创新。基于溯因推理理论和具体的科学史探讨科学家形成假设的思维过程,建构科学假设能力的结构模型。目前还未发现国内外有相关研究成果。

(3)研究内容新。系统研究了不同年龄阶段学生科学假设能力与陈述性知识、溯因推理能力的关系。用教育分析框架的方法对学生科学假设水平进行分级,探讨不同年龄阶段学生科学假设能力的现状。国内还没有发现相关研究内容。

(4)学生科学假设能力培养模式和策略的创新。国内对学生科学假设能力培养的教学模式和策略大多数是一线教师的教学经验总结,缺乏理论基础。本书基于溯因推理、建构主义等理论,建构科学假设能力培养的教学模式和策略,并进行教学实验研究。

五、研究思路和框架

(一)研究思路

本书通过当前科学探究教学现状和文献综述找出需要研究的问题和理论基础。首先,从脑科学、科学史等角度厘清人们对科学探究是否需要假设环节的模糊认识。然后,依据溯因推理、元认知等理论建构科学假设能力结构模型,以此为理论依据设计问卷和进行数据分析,调查陈述性知识与溯因推理能力对不同年龄阶段学生科学假设能力的影响,同时调查不同类型学生科学假设能力的现状。在此基础上,依据建构主义理论、溯因推理理论和科学假设能力结构模型建构学生科学假设能力培养的策略和教学模式,并进行实验验证。

(二)研究框架

本书主要分为七章,第一章进行概述,找出已有研究的不足和问题,在此基础上,确定本书的研究内容、方法、思路和研究意义。本书分为理论研究和实证研究两个部分,理论和实证研究交错进行,互相验证,互相升华。理论部分包含三章,第二章厘清人们对科学探究是否需要假设环节的认识,在此基础上,第三章建构科学假设能力结构模型,第六章是在第二章和第三章及实证研究的基础上,建构科学假设能力培养的教学策略和模式。实证部分也包含三章,第四章主要基于科学假设能力的构成要素,研究陈述性知识和溯因推理能力对学生科学假设能力的影响,第五章对学生科学假设能力现状进行调查,然后在理论和实证研究的基础上,第七章通过实验研究验证第六章所建构的科学假设形成与论证教学模式。本书各个章节互相关联,形成一个研究整体,基本研究框架见图 0-1。

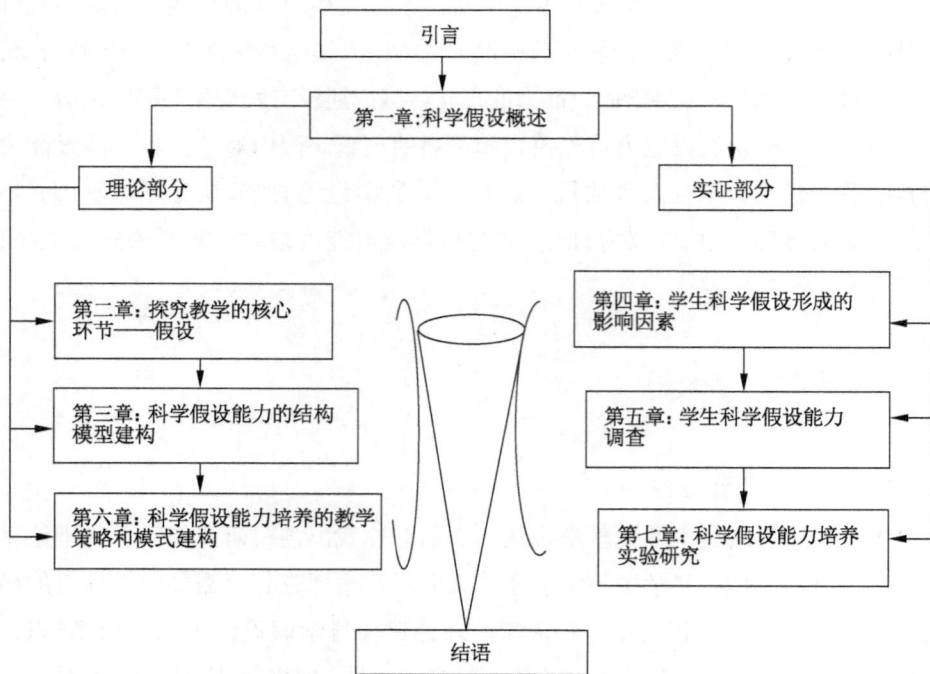

图 0-1　研究总体框架

第一章　科学假设概述

第一节　科学假设的含义、形成及评价

关于科学假设的本体含义,科学哲学和教育界对此的认识有些差异,这些观点需要进一步厘清。科学家是如何形成假设的,学生又是如何形成假设的,科学哲学和教育学学者都对此进行了相关研究。科学家和学生的科学假设质量如何评价,这方面也有一些相关研究成果。本节将对上述研究进行追溯。

一、科学假设的含义

(一)科学哲学对假说的界定

科学哲学仅界定假说的含义,并未对假设进行界定。一般看来,假说指的是人们根据已有的科学理论、科学知识对新的科学事实和未知的规律所做的假定性阐释与说明。这个定义比较狭窄,因为只局限于对新的科学事实做需要的解释与说明。从广义方面来看,假说是有关自然现象及其规律性的一种不完备的、其基本观念尚待验证的学说[①]。如波普尔的定义,假说是根据一定的科学事实和科学理论,对科学研究中的问题所提出的假定性的看法与说明[②],因而,假说

---

① 王前. 假说和理论[M]. 沈阳:辽宁人民出版社,1987:5.
② 卡尔·波普尔. 客观知识:一个进化论的研究[M]. 舒炜光,卓如飞,周柏乔,等译. 上海:上海译文出版社,1987:99.

就是对问题的尝试性解答。一般的假说结构应包含 3 个部分：① 关于问题的说明，这是假设的前提；② 理论观点；③ 解释和预见力。假说的含义及其构成要素决定了假说具有以下几个特点：

第一，科学性。假说是在科学事实和知识的土壤里生长的，不是胡乱猜测。这里我们需要指出的是，假说的科学性并不排斥假说的可错性，假说的可错性是指提出的假说必须是在科学基础上的，但是其预言和预见却可能是错误的。

第二，易变性。既然假说是指对问题的一种试探性和推测性的说明或在证明之前的断言，那么假说的相对性和不确定性是不可避免的，也就是说，假说具有易变性。假说的易变性有两层含义：一是指学生对材料吸收的信息不同，看问题的角度不同，认知结构不同，使用的方法不同，可以提出多种不同的假说；二是指假说会随着实际过程的变化而变化。假说的易变性并不排斥假说的科学性，虽然对同一现象能提出多种不同的假说，但是它们都必须有一定的科学根据。

第三，猜测性。假说往往是在科学资料不够充足、知识经验不够成熟的条件下提出的，带有假定性成分，因而具有猜测性。正如瓦托夫斯基所说："在科学中没有一个术语比假说具有更大的模糊性。"假说的猜测性决定了假说的多样性和易变性，既然是猜测也就存在多种可能性，也就存在可错性。

（二）教育学者的观点

科学教育关于假设含义的研究主要集中在两方面。其一，假说和假设不分。这些研究主要是根据科学哲学中的假说理论来定义假设的。如张大昌认为，在实际的科学教学中，假设是指在观察和实验的基础上，根据科学原理和科学事实进行理性思维加工以后，对未知的自然现象及其规律所做的假定性解释和说明[①]。就其内容可以包括很多方面，比如"根据生活经验和知识对问题的成因提出猜想""对探究的方向和可能出现的实验结果进行推测与假设""对问题解决的方式和问题的答案提出假设"[②]等。其二，把假设当成科学假说的雏形和胚胎。这种观点认为，假设是对所研究的客观事物本质和规律的一种初步设想，而科学假说则是假设的验证结果，是已经达到了的"假设的学说"，它已经进一步升华为理论形式了。它们的关系可用图 1-1 表示。

① 张大昌. 新课程理念与初中物理课程改革[M]. 长春：东北师范大学出版社，2002：56.
② 中华人民共和国教育部. 普通高中物理课程标准(实验稿)[S]. 北京：人民教育出版社，2003：10.

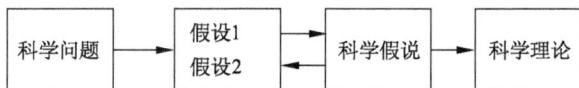

图 1-1　教育学关于假设与科学假说的关系

从上述文献探讨可知,科学哲学并没有详细地区分假说和假设。至于把假设与假说做一些区别的科学教育研究者,其实他们所认为的假设是科学假说的一种类型。由于本书主要探讨基础教育中探究教学的假设环节,考虑学生和科学家之间的区别,故本书对假设和假说并不做区分。

二、科学假设的形成

(一)科学家形成假设的逻辑机制

科学家是如何提出科学假设的呢? 这成为科学哲学研究的难题。科学发现推理方式大致有三种,分别是归纳推理、演绎推理和溯因推理。所谓归纳推理,是指从个别事物推出一般结论的推理,其结论具有或然性。演绎推理是从一般推知个别,如果前提为真,其结论也为真,演绎推理并不会产生新的命题,即无法产生新的知识。从后件(惊异之事)推出前件(对惊异之事的解释)的推理就是溯因推理。至于科学家最初的假设是怎么产生的,是靠直觉和洞觉的猜测,还是靠归纳的概括或其他推理方式,是否有一定的逻辑可循,目前有多种认识。

1.科学假设的提出有逻辑

承认科学假设的提出有逻辑的科学哲学家一般都持科学发现有逻辑的观点。这里有两种观点:

一种观点认为,归纳推理是产生科学假设的重要方式。归纳者认为,假设是可以从事实中引申和推论出来的。如有人认为,归纳推理的过程至少包括 3 个主要环节:一是注意与知觉分析;二是提取共同点;三是形成假设并验证假设。持这种观点的有波利亚、穆勒等。波利亚在他的名著《数学与猜想》中就把归纳和类比当成科学和数学猜想的两种推理。他认为,从特殊到一般的归纳就带有猜想的性质,归纳得到的结论其实就是猜想①。归纳主义者穆勒认为,假设是超越了归纳而去确定规律,只有获得了证据,假设才能被认为是一个或多或少可接受的准则,而由观察和实验所提出的假设则能使我们通向不依赖其他证据的道路。由此可见,他强调的是假设的经验基础方面而不是创造性方面,这与很多哲学家所持的"假设是发明出来的"观点相悖。

另一种观点认为,溯因推理才能产生假设。亨普尔就提出这样的观点,我们不能像狭义的归纳主义者要求的那样,从事实出发,因为我们如果没有假设,就不知收集哪些事实。没有一个关于问题的事实,只有关于假设的事实。我们应从这些假设推演出"检验蕴含",再在实践中检验它们。换言之,我们不可能从事实归纳出任何假说,而必须发明它们。皮尔士也持这种观点:任何一个有效的归纳推理都是以某个假设的规律或一般规则为前提的。有效的归纳推理必须满足两个条件:抽样在集体中必须是随机的;待检验的特性必须在选样前定义好。皮尔士称这样的条件要求为"预先设计"。"预先设计"意味着我们在集体中抽样之前就已经知道了要检验的特性②。因此,即使是归纳,也是以假设为前提的。

皮尔士认为,溯因推理是一个形成解释性假设的过程,它是唯一一种能够引入新观念的逻辑操作。溯因推理有两个重要的认知特征:第一个特征是创新性。皮尔士将推理分为演绎推理、归纳推理和溯因推理。他认为,演绎推理论证的是必然性的事实,归纳推理解决的是实际上是什么的问题,而溯因推理仅仅暗示了某种事实是可能的。溯因推理的第二个重要的认知特征是相似性。溯因推理的触发条件是事实与预期不符,如新事实、异常事实的出现。溯因推理的目的就是要形成假设以解释这些事实。其逻辑形式可用如下简单模式表示:

$$C$$

$$\underline{H \rightarrow C}$$

$$H$$

该模式的意思是:① 一个令人惊讶的事实 C 被观察;② 如果 H 为真,那么 C 会是一个不言而喻的事实;③ 因此,有理由相信 H 为真。其中, 符号"→"只表达

① G. 波利亚. 数学与猜想[M]. 李志尧,王日爽,李心灿,译. 北京:科学出版社,2006:76.
② 王华平,盛晓明. 社会建构论的三个思想渊源[J]. 科学学研究,2005,23(5):592 – 596.

H 与 C 之间在认知上所具有的某种关系,因此它不同于经典逻辑中的实质衍推。为了论证溯因推理为何具有科学发现功能,皮尔士将其与归纳推理和演绎推理进行了比较,经整理见表 1-1。

表 1-1　皮尔士对逻辑推理形式的分类(根据皮尔士的有关论述整理)①

演绎推理	溯因推理:形式 1
规则:所有出自这个袋子的豆子都是白色的 案例:这些豆子出自这个袋子 结果:这些豆子是白色的	规则:所有出自这个袋子的豆子都是白色的 结果:这些豆子是白色的 案例:这些豆子出自这个袋子
归纳推理	溯因推理:形式 2
案例:这些豆子出自这个袋子 结果:这些豆子是白色的 规则:所有出自这个袋子的豆子都是白色的	观察到惊奇之事 C 但是如果 A 为真,C 就是必然的 因此有理由猜测 A 为真
溯因推理:形式 3	溯因推理:形式 4
(背景理论 B) 观察到惊异之事 C 但如 A 为真,C 就是必然的	(背景理论 B) 观察到惊异之事 C A^0 与综合的事实 但如 A 为真,C 就是必然的

由表 1-1 可以看出,溯因推理能给结论增加新的观念,而归纳和演绎却不能,溯因推理还蕴含着假设检验和选择的过程,如形式 2。从形式 3 和形式 4 也可以看出,背景知识和理论能为新假设的产生提供必要的依据。

2. 模糊和否认的观点

科学假设的提出是否有逻辑可循,我国部分学者的观点模糊。如杨德荣提出四步法:第一,抓住假说建立的基本事实;第二,提出假说的基本观念;第三,论证假说的基本观念;第四,引申假说的基本观念。简言之,即事实—假说—论证—推论②。王前认为,提出一个假说,大体上要经过三个阶段:第一个阶段对大量实验材料进行分析整理,第二个阶段提出假说的基本观念,第三个阶段从基本观念出发推导出具体内容,包括对已知事实的解释和科学预见③。从中可以

---

① 雷良. 科学发现的本质及其逻辑机制的再发现[J]. 自然辩证法研究,2006(7):18－22.

② 杨德荣. 漫话科学假说[M]. 沈阳:辽宁人民出版社,1982:44.

③ 王前. 假说和理论[M]. 沈阳:辽宁人民出版社,1987:38.

看出,这些研究只是对科学家形成假设概括出一个大概的步骤,并没有涉及科学假设提出的详细逻辑机制。

19世纪中叶以后的部分科学家和科学哲学家都认为科学本质是一种假说,科学假说的提出是没有任何逻辑可循的。正如科学哲学家波普尔所说:"一个人如何产生一个新的思想(不论是一个音乐主题,一个戏剧冲突或者一个科学理论),这个问题对于经验心理学来说是很重要的,但对于科学认识的逻辑分析来说是无关的。①"费耶阿本德更是认为:怎么都行②。赖欣巴哈说:"对于发现的行为是无法进行逻辑分析的;可以据以建造一架发现机器,并能使这架机器取天才的创造功能而代之的逻辑规则是没有的③。"这样就把科学发现完全交给了心理学,将科学发现视为直觉、非逻辑和非理性的。

3. 当前科学哲学界的共识

大多现代科学哲学家认为,科学假说的提出有一定的逻辑可循,即便是依靠直觉和灵感提出的科学假说也是如此。原因有二:一是任何假说的提出都要依靠科学家丰富的背景知识,没有无中生有的假设;二是提出的假设必须经过逻辑论证才能有价值④。当前国际科学哲学界公认,科学假设的产生依靠的是溯因推理,但溯因推理是一种复杂的思维操作,包含着归纳和类比等推理方法,这些思维操作还需要结合科学史加以研究。

(二)学生形成科学假设的推理方式

学生是如何提出科学假设的,教育学对此方面的研究很少,主要原因是研究者觉得这个问题很复杂,难以得出一致性的结论。李奇云通过访谈归纳出学生形成假设的方法有观察、类比、直觉、溯因推断、综合猜想⑤。陈丽娟等对学生提出假设的方法进行了总结,得出学生假设形成的方法可以归为逻辑性方法和非逻辑性方法两类。逻辑性方法主要包括科学抽象,比较法、分类法和类比法,归纳法与演绎法,分析与综合法等;而非逻辑性方法主要包括想象法,直觉法,灵感

① 波普尔.科学发现的逻辑[M].查汝强,邱仁宗,译.北京:科学出版社,1986.
② 王滨.超越逻辑[M].上海:科学普及出版社,2000:23.
③ 赖欣巴哈.科学哲学的兴起[M].伯尼,译.北京:商务印书馆,1966:178-179.
④ 徐卫国.评当代西方科学哲学家的科学发现观[J].湖北大学学报(哲学社会科学版),2004,31(3):281-284.
⑤ 李奇云.关于中学生猜想与假设思维活动的初步研究[D].桂林:广西师范大学,2005.

法[①]。胡玉汉认为观察分析法、反向思维法、溯因判断法、因果判断法、概括外推法等是科学探究中学生提出假设的主要方法[②]。

韩国学者郑(Jeong,2004)发展出学生产生假设三重溯因模型(Triple Abduction Model,TAM),他把假设的产生过程分为分析问题阶段、寻找陈述阶段、建构假设阶段三个阶段[③]。在分析问题阶段,推理者要分析问题现象的构成要素及亚问题。寻找陈述阶段包括寻找假设陈述和确认假设陈述两个过程。在这个阶段,推理者要探讨因果因素并做出一个试探性的解释,还要证明假设的有效性。在建构假设阶段,推理者要选择一个最可能的假设陈述,并对比多个假设而做出一个假设陈述,然后证明这个假设的有效性。

由此可见,科学哲学对科学家形成假设的逻辑有个共识,即溯因推理。但教育研究者大多认为学生科学假设的形成无固定的逻辑。笔者认为,科学家和学生形成科学假设的逻辑形式应该是一致的,只是科学家的思维要复杂得多。探究教学虽然不是科学探究的本身,但至少要模拟科学探究[④]。加拿大多伦多大学卡尔等甚至认为,当前探究教学失败的原因不是不应该让学生仿照科学家去探究,而是"模仿还不到家"。

三、科学假设质量的评价

(一) 对科学家假设质量的评价

对同一自然现象,由于受主客观条件限制,不同的人可能提出不同的假设,因此,有必要对这些假设进行评价,以供选择。对假设的评价一般从其逻辑、功能和历史三个方面进行。在逻辑方面,主要看一个假设是否具有自洽性和简单性;在功能方面,主要看假设的解释和预见功能;在历史方面,评价要点是假设与过去的理论比哪个解释和预言能力更强[⑤]。当然,不同的学者也有不同的评价

① 陈丽娟,蔡亚萍. 漫步在科学的阶前——发展学生猜想与假设能力的策略探究[J]. 广西教育学院学报,2006(2):40-43.
② 胡玉汉. 科学教学中学生"猜想与假设"能力培养[J]. 教书育人,2007(10):28-29.
③ Jeong J. Development of the triple abduction model and its application to scientific hypothesis generation[D]. Unpublished Doctoral Dissertation. Cheong won, Chungbuk: Korea National University of Education,2004.
④ 徐学福. 模拟视角下的探究教学研究[D]. 重庆:西南大学,2003.
⑤ 廖廷弼. 假说的形成、评价和选择[J]. 广西民族学院学报,1996(2):76-79.

标准,如斯宾诺沙认为,一个好的假设应满足以下条件:① 此假设(就其自身考查)不应包含任何矛盾,即该假设和已有的理论不相矛盾;② 此假设应当尽可能简单;③ 由此推出,它应当是最容易理解的;④ 此假设应当推出自然界中所观察到的一切现象①。

在假设的选择上,戈什认为:① 在我们拥有一个以上的假设的情况下,我们宁愿选择具有强大预见功能和能够说明推论的假设;② 如果关于同一问题有两个假设,若它们同样能够用证据确证,那么一般选择比较简单的假设②。由此可见,科学哲学家对科学假设质量的判断标准还是比较趋同和一致的,但关键是把这些研究成果应用到科学教学中的研究还很少,故本书将与科学论证教学结合起来,探讨学生科学假设的形成、评价和选择。

(二) 对学生科学假设质量的评价

科学假设质量是反映学生科学假设能力的关键要素,因此,国内外一些研究者做了相关探讨。笔者(2007)将学生的科学假设质量界定为:含对问题本质的预测,并能够用实验检验③。罗筑华、罗星凯(2008)同样以要素分析法为基础,以预见度、支撑度、独创性为基本要素,三者权重分别为0.4,0.4,0.2,制定了中学生假设质量的评价量表④。这个量表完全是根据波普尔对假设的论述制定的。

奎因(Quinn,1975)在小学六年级学生假设形成教学的研究中指出可接受的假设至少需要满足下列标准之一:有意义的、基于经验的、充分的、精确的、有检验阐述的。在此基础上,奎因根据学生在问卷中的实际表现制定了假设质量的六级评价量表:没有解释、没有科学解释、部分科学解释、科学解释(至少包含两个相关变量)、精确的科学解释(包含所有的相关变量)、对假设检验的清晰陈述⑤。梁家祺(Liang,2002)基于奎因的标准,在对台湾十一年级学生假设质量的评价研究中建立了三级评价量表:没有科学解释、部分科学解释(变量考虑不完

① 斯宾诺沙.笛卡尔哲学原理[M].王荫庭,洪汉鼎,译.北京:商务印书馆,1980;37.
② B. N.戈什.科学方法讲座[M].李醒民,译.西安:陕西科学技术出版社,1992;62 – 63.
③ 许应华.高中生科学假设质量水平的调查研究[J].上海教育科研,2007(7);45 – 47.
④ 罗筑华,罗星凯.中学生科学假设质量评价量表的制定[J].教育科学,2008,24(3);83 – 87.
⑤ Quinn M E,George K D. Teaching hypothesis formation[J]. Science Education,1975,59(3);289 – 296.

全）、科学解释（至少考虑两个变量）[①]。

从上述研究可知，我国的研究者基本上是根据科学哲学中的假设含义及质量评价标准而提出学生的假设质量评价标准。国外的研究者虽然是依据科学哲学理论，但还根据对学生的问卷分析来提出假设质量评价标准。因此，国外的研究值得本书借鉴。

第二节　学生科学假设能力现状

要培养学生的科学假设能力，必须先了解学生科学假设能力的现状。为此，研究者须先探讨学生科学假设能力的构成要素和评价，制定学生科学假设能力评价工具，在此基础上调查学生科学假设能力的现状和影响因素。

一、学生科学假设能力的构成要素与评价

科学假设能力的构成要素和评价一直结合在一起，研究假设构成要素的目的是要更好地评价学生的科学假设能力。在国内，笔者（2005 年）以基本要素分析法为理论基础，以"能够接受问题的事实，并提出假设""提出与问题相关的假设的个数""说明与问题相关假设的合理理由""假设的质量"为科学假设能力的构成要素，并作为评价科学假设的一级指标，赋予各指标的相应权重为 0.1，0.3，0.3，0.3，建立了高中生科学假设能力的评价量表[②]。还有很多研究者（Frederiksen，1973；Liang，2002）对学生科学假设能力进行了研究。Frederiksen 对 400 名大学生形成假设的能力进行了测试，确立了评价的四个基本要素：① 提出假设的数量；② 可接受性假设的数量；③ 假设的平均质量；④ 每个回答

① Liang J C. Exploring scientific creativity of eleventh grade students in Taiwan[D]. Unpublished Doctoral dissertation, University of Texas at Austin, 2002.
② 许应华. 现阶段高中生化学猜想与假设能力的调查研究[D]. 桂林：广西师范大学，2005.

的平均字数①。

　　显然,上述研究既不是基于学生也不是基于科学家提出假设的思维过程和逻辑机制来探讨学生科学假设能力的构成要素和评价的,而是以学生的答题情况和科学假设自身的含义为依据。因此,上述对学生假设能力的构成要素和评价的研究有一定的缺陷。

二、影响学生科学假设能力的因素

(一)先前知识和溯因推理能力

　　大多数研究者认为,通常有 2 个因素影响假设的产生,其一是学生的先前知识,其二是追溯先前知识的推理能力②。安德森(Anderson,1995)认为,缺乏对特定问题的陈述性知识和程序性知识是阻碍科学假设产生的重要原因③。劳森(Lawson,1995)认为,一个科学假设的产生并不是靠归纳推理或演绎推理,而是依靠先前知识和溯因推理的一个创造性过程④。先前知识是学生学习科学概念的基础,权勇柱(Yong-ju Kwon,et al,2006)对五年级(平均年龄 11.2 周岁)的学生提出假设的影响因素进行了研究,结果发现,学生提出的假设与先前知识无关,而与学生的溯因推理能力有关,即使教师教学生关于问题情境的知识,学生仍然不能产生比较合适的假设⑤。总之,国外研究者大多认为,在学生假设形成上,影响因素为先前知识和溯因推理能力两者的结合。但是,还未发现先前知识和溯因推理能力对不同年龄阶段学生科学假设能力的影响的研究。

(二)其他影响因素

　　从查阅的文献资料来看,影响学生提出假设的相关因素还有很多,包括性别、年级、已有知识、推理能力等。奎因的研究表明,除社会经济情况外,学生的

---

① Frederiksen N. Development of provisional criteria for the study of scientific creativity[C]. The Annual Meeting of the American Education Research Association, 1973.

② Kwon Y J, Jeong J S, Park B Y. Roles of abductive reasoning and prior belief in children's generation of hypotheses about pendulum motion[J]. Science Education, 2006(15):643－656.

③ Anderson J R. Cognitive psychology and its implications, 4th ed, W. H. freeman and company[C]. New York. Roles of Abductive Reasoning,1995:655.

④ Lawson A E. Science teaching and the development of thinking. Belmont[M]. CA:Wads worth Publishing Company, 1995.

⑤ 同②。

性别、阅读能力、学业成绩、智力对提出假设的质量都有显著影响。而部分研究者(Walkosz et al,1984;Hoovere et al,1990)发现性别对学生科学探究能力或猜想与假设能力没有显著影响[1][2]。因此,上述研究结果有一些冲突。

　　笔者在对高中生化学假设能力的研究中发现,同一学段学生的化学假设能力与学生所处的年级无关。有学者认为,性别对学生提出的假设质量有重要影响,男生明显好于女生;学生的物理成绩、逻辑推理能力及自我效能感对假设质量有显著影响,这些方面越好的学生提出的假设质量高[3]。许荣富(1992)综合台湾十年来有关形成假设技能方面的研究做了一番整理,发现台湾初中生在形成假设的思考形态方面,年级越高,越趋向于经由科学知识或概念推论而形成假设,而较少经由直接观察形成假设[4]。

　　由此可见,国内外研究者探讨了学生科学假设的影响因素,但并没有对不同年龄阶段的学生做系统的比较研究。

三、学生科学假设能力现状的调查

　　姚蕾等以化学学科中的科学探究为研究背景,自编了"化学探究学习能力调查问卷",采取随机整群抽样法抽取江苏省部分高一学生进行问卷调查,发现大部分学生还是不太善于围绕所要解决的问题根据新获得的事实材料对探究问题做出猜测和假设[5];笔者在2005年对学生化学假设能力进行调查,结果发现,学生的假设能力普遍较低,主要表现在学生在提出与问题相关假设个数的能力、说出假设合理理由的能力、提出高质量假设的能力的得分均不高,总平均分不超过5.5分(满分为10分)。其中,说出假设合理理由的能力得分尤其低,平均分不超过0.8分(满分为3分)。罗筑华对中学生假设能力的调查表明,学生提出假设的数量、假设的质量、假设的预见度和支撑度等水平随年级的增加而提高,

① 郑碧云,林振霖,万明美.国中资赋优异学生科学过程技能与其相关因素之研究[J].科学教育,1991(2):199-225.
② Hoovere S M,Feldhusen J F. The scientific hypothesis formulation ability of gifted ninth-grade students[J]. Journal of Educational Psychology,1990(82):838-848.
③ 刘剑锋.中学生猜想与假设质量及其影响因素的初步研究[D].桂林:广西师范大学,2008.
④ 廖焜熙.理化科学概念及过程技能之研究回顾与分析[J].科学教育月刊,2001(238):2-11.
⑤ 姚蕾,吴星,何永红,等.关于高一学生化学探究能力的调查及思考——高中化学课程探究性学习的方法和途径研究课题初报[J].化学教育,2004,25(7):45-48.

总的来说,学生提出假设的质量不高。

  国外的研究者从科学假设(科学解释)、科学证据和理论依据三个方面来探讨学生科学假设能力的现状。阿拉·萨马拉庞加万(Samarapungavan,1990)认为,小学儿童更倾向接受那些不要特定解释,具有内在一致性并与证据相符的解释[①]。理查森等也有类似的观点:只要提出的情境适当,6至7岁的儿童能揭示相应的假设—证据关系。但是库恩等(Kuhn et al,2000)却强烈地提出了反对意见,她认为儿童与科学家的差别仍然在于证据与理论的协调技能[②]。池(Chi,1992)认为,儿童很难放弃他们错误的观念,特别是生活经验中常用的观点,即使面对相反的实验事实[③]。由此看来,不同的研究对儿童的假设与证据之间的关系所得出的结论不同,这就需要进一步加强研究。

  在面对科学问题时,很多研究表明,学生很难提出科学假设(解释),因为提出假设对学生来说是非常困难的,比如很多学生不理解什么是好的假设,以致提出的假设是模糊的,不能对问题进行充分解释;还有的学生把对观察现象的描述当成假设[④]。学生提出假设时很难区分相关和不相关的证据[⑤],并且不能提供充分的证据来支持他们的假设[⑥],学生倾向非逻辑推理来支持他们的假设或者使用推理来代替证据。经验研究表明,学生不会使用理论来支持假设。

  总之,国外研究均表明,学生缺乏假设能力及证据和理论依据的利用能力。但这些研究并没有探讨不同年龄阶段的学生在上述能力表现上的差异。

  综上所述,我国研究者大多制定科学假设能力评价量表,然后根据量表来调查学生科学假设能力的现状,由于所用的假设能力的评价标准不同,结论会有所差异。近年来,国外研究者大多不采用量表的形式。笔者认为,由于不同年级阶段学生科学假设思维的差异,很难制定一套适应各类学生的科学假设能力评价标准。

---

① Samarapungavan A,Wiers R W. Children's thoughts on the origin of species: a study of explanatory coherence[J]. Cognitive Science,1997,21(2):147－177.

② Kuhn D, Pearsall S. Developmental origins of scientific thinking[J]. Journal of Cogn ition and Development,2000,1(1):113－129.

③ Chi M. Conceptual change within and across ontological categories: Implications for learning and discovery in science[M]// Giere R. Minnesota studies in the philosophy of science: Cognitive models of science. Minneapolis: University of Minnesota Press,1992:129－186.

④ McNeill K L,Lizotte D J,Krajcik J,et al. Supporting students'construction of scientific explanations by fading scaffolds in instructional materials[J]. Journal of the Learning Science,2006(15):153－191.

⑤ McNeill K L,Krajcik J. Middle school students' use of appropriate and inappropriate evidence in writing scientific explanations[C]// Lovett M, Shah P. Thinking with data: The proceedings of 33ed Carnegie Symposium on Cognition. Mahwah,NJ:Erlbaum,2007.

⑥ Sandoval W A,Millwood K. The quality of students'use of evidence in written scientific explanations [J]. Cognition and Instruction,2005,23(1):23－55.

四、学生科学假设的年龄阶段

在心理学研究中,假设的产生被理解为类推、类比转换或类比推理的过程,即从过去的经验或相似情境中借用因果关系来解决当前的问题,但这种方式却受儿童年龄的影响。皮亚杰在其认知发展阶段论中,把儿童的认知发展分为感觉运动期、前运算期、具体运算期、形式运算期四个阶段。皮亚杰于 1958 年的研究结果发现,儿童要到形式运算期才能形成对科学现象的假设检验能力。他认为:形式操作思维是以一系列假设的形成开始的,而具体操作思维基本上还停留在经验现实水平上,只能进行有限几步可能的转换操作。因此,其假设不过是"可能的事物",是对经验情景的简单的、很小的一点延伸而已。严格来说,具体运算期的儿童不能提出任何假设,他是通过具体的操作开始的,尽管他在操作的过程中也在试图对所获得的记录结果进行认知上的协调,但他仍然是在所操作的事物上面建构现实的结果。如果读者反对,认为这些认知结构事实也是假设的话,那么,我们只能说,它充其量只能算是可能进行的操作计划大纲,因为这一假设没有包括"如果假设条件得到满足,那么真实情景将会怎么样"这样的预言。形式操作思维的儿童能摆脱具体事物的约束,把内容和形式区分开来,能根据种种假设进行推理。换句话说,形式操作思维本质上是假设演绎的,通过形式操作思维,推理不再直接涉及观察事实,而是涉及假设的事实[1]。

和皮亚杰的分类不同,劳森把学生的心理发展期分为如下五个阶段[2]。第一个阶段是感觉运动阶段(从出生到 18 个月)。这时的儿童并不能产生如果、而且和然后推理(If/and/then)语言推理,然而他们的公开行为表明,他们的非语言推理与这种模式相同。戴蒙德(Diamond,1990)的研究发现,5 个月大的婴儿就能找到掩盖物下面的小球。这表明,即使小球不在婴儿的视角中,婴儿仍然存在智力表征[3]。如此行为表明,婴儿的行为遵循这样的推理格式:如果这个小球

① Inhelder B,Piaget J. The growth of logical think from childhood to adolescence[M]. London, rout ledge and paul,1998.
② Lawson A. The nature and development of hypothetico predictive argumentation with implications for science teaching[J]. International Journal of Science Education, 2003,25(11):1387 - 1408.
③ Diamond A. The development and neural bases of inhibitory control in reaching in human infants and infant monkeys[C] // Diamond A. The development and neural basis of higher cognitive functions. New York: Academy of Sciences,1990.

仍然在他放的那个地方，即使我不能看见它，我也能够到达它隐藏的地方，然后我将能够拿到那个小球。

第二个阶段为前运算阶段（18个月~7周岁）。随着语言的出现和发展，儿童日益频繁地使用表象和词语来表征外部事物，但他们的词语或其他象征符号还不能代表抽象的概念，只能在不脱离实物和实际情景的场合应用，他们的思维仍受具体的直观表象的限制。皮亚杰发明了隐藏任务，名为"序列看不见的替换"，比如成年人当着儿童的面藏一个小球在他手里，然后把手放在三个遮光板下，再使小球掉入其中一个里面，结果儿童看见空的手，可以推出小球一定在某个遮光板的下面。这个推理也遵循以下格式：如果小球在某个遮光板的下面（想象表征），我将轮流检测它（计划检验），然后我将得到这个小球。

第三个阶段为具体运算或称分类阶段（7周岁~前青春期）。在第二个阶段的儿童能用语言命名事物，而这个阶段的儿童却能够对事物进行分类。此阶段的学生能产生和检验因果假设，但假定的因果因素是可感知和基于直接经验的，比如儿童能够用语言把桌子归为家具，但不能把一类碳原子和氧原子归为元素。而且这个阶段假设推理的重要特点是对物体、事件、情境进行排列和分类，因此也可以称为分类阶段。

第四个阶段为形式操作期或因果阶段（11~18周岁）。这个阶段相当于皮亚杰的形式运算期，在此阶段，儿童不仅能够根据事物的特征进行分类，而且能够运用语言对因果关系进行论证，如儿童能够论证什么引起单摆摆动周期的变化，而且能够设计实验来检验因果关系，即这阶段的儿童已经能够控制变量。

第五个阶段为后形式运算期或理论阶段（大约18周岁以后）。在第四个阶段的儿童能依据可感知的因果关系提出假设，而第五个阶段的儿童提出的假设将包括不可感知的理论成分。另外，第四个阶段和第五个阶段还有一个重要的区别：在第四个阶段的学生提出的因果关系与检验的变量是相同的，比如学生认为摆角影响单摆摆动周期，就改变摆角变量；在第五个阶段的学生提出的原因与要检验的变量是不相同的，如为何热的地区常用辣椒炒菜而冷的地区却用得少，其原因是辣椒含有抗病毒的化学物质。

从上述论述来看，无疑劳森的分类更加全面、细致。任何阶段的儿童都能应用假设推理，但不同阶段儿童推理的复杂程度却有很大的不同，在教学中更应该遵循儿童假设推理的阶段性,不能任意拔高。

第三节　学生科学假设能力培养

培养学生的科学假设能力是教育学者关注的课题,这方面的成果有一线教师的教育经验总结,也有国内外实验研究成果。

一、教育经验总结

假设作为探究教学的关键环节,这些年引起了一些教育研究者的重视,但大多数研究都来自一线教师,基本是教育经验之谈。教育经验是指人们的教育实践活动,以及从实践活动中所取得的、被证实为有效的知识与技能。教育经验具备个性化、感性、现实性等特点[①],它是向理论过渡的一个阶段。教育经验总结主要不是提出新的概念,发现新的教育规律,而是一种主体化的知识和能力。很多教师对探究教学总结经验得出,学生的假设形成可以进行教授。如戴振华认为,要让学生有足够的经验准备,要充分尊重学生所提出的假设,要对学生的假设进行必要的整理和概括[②]。鲍翠萍认为,要做好假设教学,就必须使学生明白假设和事实的联系、假设的特征和依据[③]。刘乃忠认为,培养学生的猜想能力,需要做到以下几点:① 抓好"双基"是培养学生猜想能力的基础;② 正确引导是培养学生猜想能力的"催化剂";③ 科学模式是培养学生猜想能力的重要方法,可以引导学生运用类比、观察、分析等方法进行猜想;④ 猜想教学是提高学生创造能力的有效途径[④]。陈信余通过教学实践得出,要培养学生的猜想与假设能力,必须让学生领悟猜想与假设的要领,交给学生假设的方法,这种方法就是每

---

① 孙昌瑞.教育经验与科学性经验总结[J].上海教育科研,1992(3):15-18.
② 戴振华.如何让学生作好假设——解读小学科学探究中的假设环节[J].上海教育科研,2004(6):19-21.
③ 鲍翠萍.谈科学课中的假设教学[J].中小学教材教学,2004(3):69-70.
④ 刘乃忠.注重培养中师生的科学猜想能力[J].宁德师专学报(自然科学版),1998(2):44-46.

个假设都要求学生提出依据,写出检验方法①。

由此可见,我国一线教师总结了一些假设能力培养的教学经验,但这些教学经验缺乏理论视角,且都是教师个人经验的概括,还不能作为普遍的规律。因此,对学生科学假设能力培养的研究有必要提升理论水平。

二、学生科学假设能力培养的实验研究

查阅文献发现,我国研究培养学生科学假设能力的文献较少,且大多是硕士论文。如檀俊对初一生物教学中学生假设能力培养进行了实验研究,实验所采用的教学程序为教师示范—学生尝试做出假设—分析讨论原因—传授"假设"策略—灵活应用②。这个教学步骤模式并没有体现假设提出的思维过程、假设能力的要素。因此,其科学性和合理性值得怀疑。刘柳认为,要培养学生的猜想与假设能力,必须通过猜想与假设活动进行,其设计的基本教学程序如图1-2所示③。

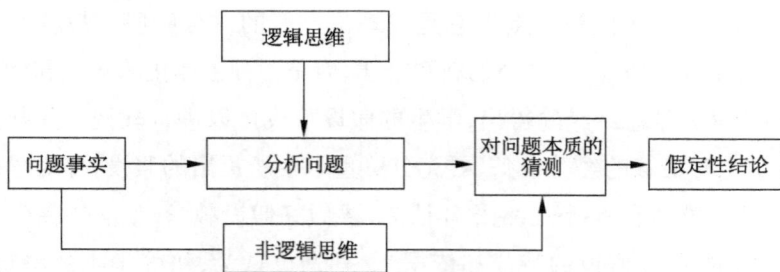

图1-2　猜想与假设教学模式

根据这个教学模式,刘柳采用了等组实验研究方法,结果发现,实验班学生能更好地运用假设的方法,在提出假设的数量、说出假设的依据及假设的质量等方面都比对比班更好。但这个教学模式同样难以操作,比如非逻辑思维怎么操作、逻辑思维又包含哪些要素,这些都影响了该模式的实施。

国外在这方面的研究也有一些。一些学者多从科学假设本身的含义来探讨

① 陈信余. 发展学生"猜想与假设"能力的几点措施[J]. 教学月刊(中学版),2006(2):29-31.
② 檀俊. 初一生物教学中学生"假设能力"培养的实验研究[D]. 桂林:广西师范大学,2007.
③ 刘柳. 化学教学中培养学生猜想与假设能力的教学策略研究[D]. 桂林:广西师范大学,2006.

培养学生科学假设能力的教学模式。奎因(Quinn,1975)采用让学生形成假设并教学生学会判别假设的好坏的教学方式,结果发现,那些经过专门假设教学的学生提出的假设质量高于那些没有经过教学的学生。韩国的研究者权勇柱等(Kwon et al,2009)利用下列程序训练学生产生科学合理的假设:观察问题情境、创设因果问题、分析问题、表征经验现象、引起问题表征并提出假设,教学实验表明,教学前测和后测学生提出假设的质量有显著性差异[①]。劳森通过调查表明,大多数大学生(超过 18 周岁)不能提出微观表征的假设,虽然理论表明学生具备这种思维能力,要提高学生这方面的能力,可采用假设—预言论证教学模式。

　　综上所述,对科学假设能力的培养教学研究大多处于经验水平,缺乏脑科学、科学史等理论基础,所以这些研究结论应用范围有限。因此,有必要提升研究的理论水平,比如基于科学哲学理论、科学论证教学等理论,研究科学假设能力的培养的教学模式。

第四节　学生科学假设检验思维

　　自认知心理学兴起后,推理心理学研究也愈来愈深入。假设思维是假设能力的核心指标,心理学对假设能力的研究一般集中在假设检验思维上。

一、假言推理与假设思维

　　心理学对假言推理的研究较多,假言推理是一种最简单的演绎推理,哲学家、逻辑学家和心理学家都从不同的角度对其做了广泛的研究。其心理学研究范式为"如果 p(前件 - antecedent),那么 q(后件 - consequent)"的条件规则,接着给出 4 种不同的小前提:p,q,not - p,not - q,要求个体对所能得出的结论进行推断。逻辑上,如果给出条件 p,那么应得出结论 q;给出条件 not - q,那么应得

① Kwon Y J,Lee J K,Shin D H,et al. Changes in brain activation induced by the training of hypothesis generation skills:an fMRI study [J]. Brain and Cognition,2009,69(2):391 - 397.

出结论 not – p,它们都是有效的推理形式,分别称为肯定前件式(modus ponens,MP)和否定后件式(modus tollens,MT)。如果给出条件 not – p,得出结论 not – q;如果给出条件 q,得出结论 p,这两种推理形式在逻辑上是无效的,分别称为否定前件式(denying the antecedent,DA)和肯定后件式(affirming the consequent,AC)[①]。沃森等的一系列研究却表明,人们的推理似乎并不符合形式逻辑规则,而是遵循着一种"朴素的生活逻辑"[②]。也就是说,概率信息对假言推理有显著的影响。

二、假设检验思维策略

首次提出假设检验作为一种思维策略的是美国心理学家布鲁纳。他认为在概念形成的实验中,被试必须从他的假设库中取出一个或几个假设,然后对这一假设进行检验。如果被试得到正确反馈,他们会继续延用这一假设;否则,被试将舍弃这一假设,并到假设库中再寻找另一假设来代替现有的假设。如此这样反复,直到某个正确的假设被反复验证为正确时,概念便形成了。被试所做的假设不是任意的,而是按照一定的顺序、一定的策略进行选择。布鲁纳等确定了被试在假设检验过程中使用的四种策略:① 同时性扫描;② 继时性扫描;③ 保守性聚焦;④ 博弈性聚焦。实验结果表明,在形成合取概念的过程中,大多数人通常使用保守性聚焦策略,而其他三种策略则很少被使用到[③]。

沃森在 1960 年做了个"2、4、6 问题"的实验,主试告诉被试 3 个数字,要求被试发现这些数字的规律,结果发现,被试说出的数字序列总是和自己提出的假设相一致,直到有信心声明自己的假设正确为止,很少有人提出和自己的假设相违背的数字序列来检验假设。这个实验表明个体在假设检验过程当中常常会寻找支持自己假设的证据——正例法(positive testing),而不常会去寻找否定自己假设的证据——反例法(negative testing),即个体在假设检验中具有证真偏向[④]。

① 邱江,张庆林. 假言推理中的概率效应[J]. 心理科学进展,2004,12(4):505 – 511.
② 王甦. 认知心理学[M]. 北京:北京大学出版社,1992:327 – 329.
③ 邵志芳. 思维心理学[M]. 上海:华东师范大学出版社, 2002:56 – 60.
④ Wason P C. On the failure to eliminate hypothese in a conceptual task[J]. Quarterly Journal of Experiment psychology,1960(12):129 – 140.

显然,这与波普尔提出的科学发现的逻辑是找出证伪此假设的证据相背离。个体要提出合理的假设必须不断证伪自己的假设。

假设检验的研究还有以下热点:其一是预测规则和假设关系的研究。克莱曼等(Klyman et al,1989)把被试的原假设与主试的预测规则分为内含(预测规则包含原假设)、包围(原假设包含预测规则)、错开、交叠四类。他认为个体在假设检验的过程中是否能够根据反馈信息迅速修改原假设而提出新的供选假设是获得成功的关键所在。而且,他们的研究还揭示出个体在测试时并不是单纯测试当下假设的正例或反例,而是又想出一个竞争假设,同时测试两个假设(同时性扫描)。① 其二,供选假设测试法。普莱特和库恩一致认为,在假设检验的过程中产生可取代的另外假设是成功发现规则的另一个重要因素。得到否证信息能够淘汰错误假设,但若没有适当的新假设产生,仍然不可能成功。

张庆林等(2001)用自创的固定样例程序(呈现给所有被试的肯定或否定的样例是完全一致的)来进一步深入考察小学生假设检验策略的发展。他把小学生使用的假设策略由低级到高级分为四类。策略Ⅰ——猜测策略:个体胡乱猜测,不能依据题目中的信息进行判断。策略Ⅱ——特征策略:个体根据某一个具体样例的个别特征做出判断。策略Ⅲ——单维肯定策略:个体不仅能看到具体样例的具体特征,而且能上升到维度高度来考虑问题。策略Ⅳ——单维转换策略:个体不仅能从某个维度的高度来思考问题,而且在思考某个维度之后,能够转换一个维度再思考,能够考虑到问题的不同维度。研究结果表明,成功组在猜测策略和特征策略的使用频率上明显低于不成功组,但在单维肯定和单维转换策略的使用频率上成功组则明显高于不成功组。随着年级的增长,特征策略呈现迅速上升趋势,但猜测策略下降缓慢,也就是说,小学生使用不成功策略的人数随年级的增高而逐步减少,成功策略使用率则显著上升。小学生的策略水平既受年级影响,也受试题影响②。

假设检验思维策略的研究文献表明了个体在形成假设时的一些思维特点和方式,这些思维特点为本书提供了重要参考。

① Klayman J, Ha Y W. Hypothesis testing in rule discovery:strategy,structure, and content[J]. Journal of Experimental Psychology:Learning Memory,and Cognition, 1989,15(4):596-604.
② 张庆林,司继伟,王卫红. 小学儿童假设检验思维策略的发展[J]. 心理学报,2001,33(5):431-436.

三、学生对"反例"的假设策略

需要提出科学假设的问题常涉及一些"异常现象",这就是所谓的"反例"。在科学哲学界,反例是指科学理论不能解释、说明的例子、事实。对学生而言,"反例"是指学生用所学的理论不能解释的现象和事实。

当儿童或中小学生面对他们已有的理论不能解释的"反例"现象时,他们是采用何种策略?又是如何进行假设的?很多研究者也在这方面进行了大量的研究。如钦等(Chinn et al,1993)[1]对学习科学的中小学生进行了研究,指出当中小学生面对"反例"时,一般采用如下策略:忽略反例;将反例排除在理论之外;以无效的方式持有这些反例;重新解释反例而保留原来的理论;重新解释反例,对原来的理论做外围的改变;接受反例,改变原有理论。又如卡米洛夫 - 史密斯和英海尔得对儿童如何面对反例也有所揭示[2]。他们做了这样一个实验,要求4~9岁的儿童在一个狭窄的金属支撑物上平衡一系列不同的积木。一些积木的质量是均匀分布的,可以在它们的几何中心得到平衡;一些积木看起来和第一种积木一样,但是在一端用铅填充,显然它们在几何中心不能得到平衡;还有一些积木有一个重物可见地粘在表面的一端,当然它们在几何中心也不能得到平衡。结果表明:4~5岁的儿童很容易完成这个任务;6~7岁的儿童只能平衡质量均匀分布的积木;8~9岁的儿童也能平衡所有种类的积木。这个研究揭示了6~7岁的儿童没有因为有反例就立即改变自己的"几何中心平衡理论",而是在理论以外去寻找"反例"的原因,当他们找不到原因时就把这些当作异常,不予理睬。可以看出,卡米洛夫 - 史密斯和英海尔得研究里的儿童在面对"反例"时,采用了"忽略"的策略。又如,克雷尔(Klahr,2000)让学生指出,在称作BigTrack 的程控玩具车上 RPT 按钮能够做些什么。学生可以在控制板上以任何顺序按下按钮,于是可以观察到车的运行情况。大多数儿童仅仅考虑到一个理论,而忽视与之相冲突的结果,并且只是不断地重复检验同样的理论。在一个计算机模拟生物实验中[3],大多数学生持有一个理论开始实验,并做实验意图证实这

① Chinn C ,Brewer W F. The Role of anomalous data in knowledge acquisition: A theoretical framework and implications for science in instruction[J]. Review of Educational Research,1993,63(1):1-49

② Karmiloff - Smith A,Inhelder B. If you want to get a head, get a Theory[J]. Cognition,1975,3(3):195-212.

③ Klahr D. Exploring science[M]. Cambridge, MA,MIT Press,2000.

个理论(即通常所说的证实偏见)。当结果数据与他们的理论相冲突时,大多数学生倾向于忽视这些结果,继续试图证实他们的理论。这些理论都证实了学生在产生理论和解释数据方面存在一定的困难,必须加强训练。

学生对"反例"的假设策略可以反映学生假设思维的层级,本书将参考这些研究成果,并将其应用于教学论领域。

第二章 探究教学的核心环节——假设

科学教育的目标是让学生学会科学探究,从而提高学生的科学素养。因此,探究教学应模拟科学探究的核心和精髓。然而,科学探究的本质究竟是指什么,人们的认识并不一致,比如科学探究是否一定需要假设环节,科学教育界和哲学界对此存在种种争议。

因此,有必要对科学哲学和教育界的一些主要科学探究逻辑及争议进行一番梳理,在此基础上归纳出科学探究的本质,找出探究教学的核心环节。

第一节 科学探究是否需要假设环节的争议

一、科学探究不需要假设环节的观点

科学发现的逻辑一直是科学哲学界探讨的课题,科学哲学家为此争论不休。早期的科学家和哲学家都认为科学发现有一定的逻辑,如牛顿、培根。现代也有一些哲学家认为科学发现存在一定的逻辑,他们大多数将归纳推理作为科学发现的逻辑,即科学知识是通过大量的观察、收集经验事实归纳概括出来的。因此,完全承认科学发现仅依靠归纳逻辑的科学家和哲学家必然否定科学发现必须有科学假设这个环节。这样的科学文献很多,如培根认为,我们必须借助归纳

的方法去获悉原始的前提,因为感官、知觉借以牢固树立普遍的方法是归纳[①]。蒂德曼等(Tidman et al,2003)认为,"归纳推理的本质是从经验中学习,我们注意到经验中的模型和各种规律,有些很简单(如糖能使咖啡变甜),有些很复杂(如牛顿运动定律),并且我们常根据这些推出其他结论,在日常生活中,我们运用归纳推理如此频繁,以致我们没有注意到很多结论都是根据这种规则得出来的"[②]。因此,很多科学哲学家都将归纳法作为一种心理习惯。正如休谟所言,尽管原因是看不见的,但是我们已经把一种心理倾向性归咎于必然性,因此,原因是有规律地重复系列。在基本意义上,人是感知规律性的动物[③]。

由此可见,部分学者将归纳推理作为科学发现逻辑,并且认为人们解决日常问题基本上是依靠归纳推理方法。

二、科学探究不一定需要假设环节的观点

科学发现仅仅依靠归纳逻辑是广受批评的。因为归纳法是一种或然性推理,并不能得到必然性的结论,其合理性很难从经验和逻辑两方面加以证明。尽管如此,仍有很多学者认为归纳推理也是一种科学探究的逻辑。如约翰逊-莱尔德(Johnson-Laird,2004)说:"由于不存在标准的归纳推理理论,一些科学哲学家放弃归纳推理,这是没有理由的理由,就如将放弃性交作为避免导致怀孕的理由一样不正常,事实上,日常生活中很多推理都是归纳法。[④]"这段话表明归纳推理也是探究的方式之一。于祺明等认为,一些经验定律是以不完全归纳方式进行的,它从有限的科学事实出发,上升到普遍性的认识;而原理定律的发现则需要建立假说[⑤]。这段话说明了科学探究应依据不同的知识类型采用不同的推理方法。

在教育学界,大多数教育者认为科学探究不一定需要假设环节,而应根据不同问题采用不同的科学推理方法。我国物理教育学者王平根据科学哲学的各种

① 培根.新工具[M].许宝骙,译.北京:商务印书馆,1984:256.
② Tidman P,Kahane H. Logic and philosophy[M]. 9th ed. Belmont,CA:Wadsworth/Thomson, 2003.
③ 哈里·柯林斯.改变秩序:科学实践中的复制与归纳[M].成素梅,张帆,译.上海:上海科技教育出版社,2007:7.
④ Johnson-Laird P N. Mental models and reasoning [M]//Leighton J P, Sternberg R J. The nature of reasoning. New York:Cambridge University Press,2004:188.
⑤ 于祺明,汪馥郁.科学发现模型论[M].北京:中央民族大学出版社,2006:91-95.

流派,将科学探究分为归纳探究、假设探究、基于模型的探究等,他的观点是任何探究模式都是合理的,不同的模式适用于不同的内容①。应向东认为,科学探究中的假设不是必需的,对于经验层次的科学就没必要有假设环节②。很多科学教师更是习惯地认为简单的经验定律可以通过归纳概况得出,比如"所有的重物都会自由下落""乌鸦都是黑色的"等,以致认为这种观点是自明的,无须证明,也是人的日常推理方法。我们可以在网络、教学期刊等找到很多应用归纳法进行探究的科学教学案例。美国小学教师派因认为,科学探究可用假设也可以不用假设。他反对科学探究必须要假说的观点,并举如下实例给予反驳:难道达尔文是带着自然选择的假说乘"贝格尔"号舰艇从事科学考察吗? 难道伽利略做自由落体实验时就有了"物体都应显示相同加速度"这一假说吗?③ 但如果在探究之前没有提出一种科学假设,那么是什么激发我们去开展探究活动呢? 派因认为是问题,有时是非常具体的问题,如小龙虾互相之间如何联系? 由此看来,大多数一线教师都认为科学探究是否需要假设环节应根据具体问题而定。

三、肯定科学探究必须有假设环节的观点

当前更多的科学哲学家认为科学探究必须要有假设环节,并完全否定归纳推理作为探究的方式。如针对将归纳推理作为一种心理状态和日常解决问题的办法的观点,波普尔就进行了否定。他说:归纳即基于许多观察的推理,是神话,它不是一种心理事实,不是日常生活事实,也不是一种科学程序④。为何在科学家的著作中还有大量归纳法的使用呢? 李铁强(2006)认为,科学家实际的科学发现思维过程与他们在成熟作品的论述方式不同,归纳法的运用其实隐含着假说与演绎及其检验过程,他们不采取直接的假说—演绎形式,这不过是一种修辞手法,通过它来强化假说无例外的经验事实依据,并且以此发挥"事实胜于雄辩"的力量⑤。还有人认为归纳推理不是真正严密的逻辑推理,其中包含较多的

① 王平.科学哲学与物理探究建模[M].济南:山东教育出版社,2006:4-12.
② 应向东.科学探究教学的哲学思考[J].课程·教材·教法,2005,(5).
③ 美国国家科学基金会与人力资源部中小学及校外教育处.探究——小学科学教学的思想、观点与策略[M].北京:人民教育出版社,2003:55.
④ 卡尔·波普尔.猜想与反驳:科学知识的增长[M].傅季重,纪树立,周昌忠,等译.上海译文出版社,2005:76.
⑤ 李铁强.科学发现的逻辑:是归纳演绎还是假说演绎[J].科学技术与辩证法,2006,23(2):40-43,98,110.

"创造性飞跃"成分,可以用假说主义模式取而代之。理性主义者认为,科学发现主要是演绎方法,但演绎主义模式最大的困难是演绎前提的来源问题,亚里士多德认为,演绎的前提来源于归纳,而数学家认为是约定的公理。不管是归纳还是约定都属于猜测性假说的范围[①]。因此,科学发现必须有科学假设这个环节。

　　科学教育学家是如何认识的呢? 1961 年,施瓦布提倡教师必须用探究的方法来教科学(teaching science as inquiry),学生必须用探究的方法来学习科学。科学探究需遵循以下基本程序:① 给学生呈现调查研究的领域和方法;② 明确问题,确定研究中的困难(困难可能在于数据的收集和解释、实验的控制或推理等);③ 思考问题,提出假设;④ 思考解决困难的途径、办法或重新设计实验,或用不同方式组织数据;⑤ 导出结论。施瓦布同时指出,这些程序并不是固定和僵化的,科学探究应该是多样的。因此,施瓦布的科学发现是包含科学假设要素的。施瓦布本人也是生物学家,他的科学发现的程序有很强的说服力。美国教育学家杜威将反省思维分为暗示、理智化、假设、推理和用行动检验假设五个阶段[②]。杜威指出,这五个阶段不是依次出现,但在真正的思维中,每个阶段都有助于一种暗示的形成,并促使这个暗示变成指导下的假设。由此可见,杜威的科学探究程序中必定包括科学假设和检验两个要素。因此,著名的科学教育家大多认为科学探究无固定程序,但都应包含科学假设这个要素。

第二节　科学探究需要假设环节的论证

一、大脑解决问题的过程

　　如果从科学哲学和科学教育学者的观点来看,科学探究是否需要科学假设这一环节的确是众说纷纭。现在的脑成像技术已可以探明大脑各个区域的工作原理,从而使人的探究活动得到解释。大脑处理视觉输入的过程可以最彻底地

① 周林东.科学哲学[M].上海:复旦大学出版社,2004:127.
② 杜威.我们怎样思维[M].姜文闵,译.北京:人民教育出版社,2005:94.

研究和了解大脑各个区域的工作。首先,从眼睛产生的知觉刺激以电信号的方式输入视觉储存器,这个区域位于脑后中心部位的下方。在视觉储存器中形成一个立体的图像。然后,视觉储存器中的注意窗口履行详细的信息处理过程,再把经处理的信息同时分别发送至颞下皮层的腹侧通路和顶叶后部皮质的背侧通路。腹侧通路分析物体的目标特征,如大小、颜色、质地等,解决"它是什么"的问题;背侧通路分析物体的空间特征,如位置、尺寸等,即处理"它在哪儿"的问题。从两条通路输出的信息同时汇集于海马中的联想记忆,并与其中储存的图式进行配对,如果从视觉记忆输出的信息与联想记忆中储存的图式能很好地配对,那么观察者就知道物体的名称、类别等。如果不能配对成功,则物体不能被认知,应重新寻找其他感觉信息。具体模式如图 2-1 所示。

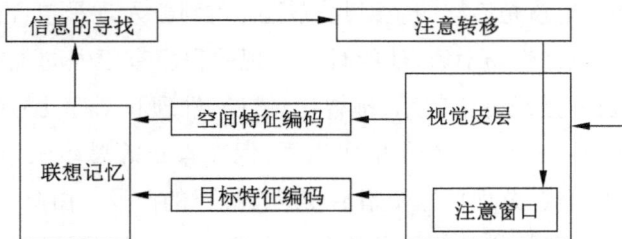

图 2-1 大脑处理视觉输入的过程

认知神经学者斯蒂芬认为,其他感觉信息的寻找并非无目的的,而是利用联想记忆中储存的图式对观察现象做出假设,这个假设将引导新的观察和进一步的编码,然后,在编码的基础上寻找与假设相关的信息[1]。大脑中储存图式的使用被称为自上而下搜索(top-down processing)的过程。这个过程的第一步是在联想记忆中寻找相关信息,然后将寻找到的信息送到大脑额叶形成工作记忆。激活的工作记忆使视觉注意转移到新信息储存处,这样,新的视觉信息输入重新开始。

根据认知神经学的研究,视觉信息的处理程序遵循以下过程:① 观察到的事物以视觉信息输入大脑;② 输入的图式与大脑储存的图式进行配对,储存的图式对事物做出最初的假设;③ 如果输入的图式和储存的图式能够很好地配对,观察到的物体将被认知,如果没有配对成功,工作记忆将开始有目的地搜索,

---

① Kosslyn S M, Koenig O. Wet mind: the new cognitive neuroscience[M]. New York:The Free Press,1995.

包括从联想记忆中选择新的图式（备择假设），因为联想记忆中隐含着大量的可能结果;④ 在工作记忆中的备择假设和它所预测的结果的刺激使注意转换到新的信息储存处;⑤ 假设与观测结果对比来确定假设的正确性。大脑处理听觉输入和视觉信息处理一样,遵循相同的模式。

综上所述,当人们对事物进行探究时,大脑使用以前的认知结构来同化视觉或听觉的信息输入,并立刻潜意识地产生对观察现象的假设,然后根据假设演绎出一些推论并检验。脑科学的研究成果充分证明了人们解决问题必须要有假设环节。

二、认知发展论和心理模型理论的揭示

皮亚杰认为,儿童在与周围环境互相作用的过程中逐渐建构起关于外部世界的知识,所谓的学习是在原有的认知图式的基础上建构新的认知图式的过程。这个过程包括同化、顺化和平衡。同化是指个体把外部刺激所提供的信息整合到自己原有的认知结构内的过程,用脑科学的研究成果来解释就是输入的信息与大脑中储存的图式可以配对成功。顺化是指原有的认知结构无法同化外界提供的信息,这时认知结构发生重组和改造的过程。也就是说,当输入的信息无法与大脑中储存的图式相配对时,大脑必须对原有的图式加以修改和重建,以便适应环境。平衡是指个体通过自我调节机制使认知发展从一个平衡状态向另一个较高平衡状态过渡的过程。面对外界刺激时,个体是先进行同化,如果同化不成功便会做出顺化,直至达到认知上的新平衡。儿童的认知结构就是通过同化与顺化过程逐步建构起来,并在"平衡—不平衡—新的平衡"的循环中得到不断的丰富、提高和发展[①]。由此可见,皮亚杰的认知发生论与大脑处理信息的过程是一致的。

美国普林斯顿大学约翰逊－莱尔德（Johnson－Laird,2006）教授提出心理模型（mental modeling）理论。他认为心理模型是对世界的一种表征,这种表征被假定为是人类推理的基础。它是某种可能性为真值的表征,并且只要可能就会有一个具有图像性的结构。各种复杂系统都是在长时记忆中知识表征的一种形

---

① 何克抗. 建构主义革新传统教学的理论基础[J]. 电化教育研究 1997(3):3 – 9.

式①。根据心理模型理论,人依据前提进行推理,得出结论(图 2-2)。人在进行推理时的心理活动大致经历三个主要阶段②:

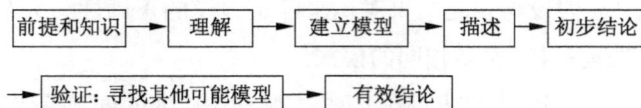

前提和知识 → 理解 → 建立模型 → 描述 → 初步结论

→ 验证:寻找其他可能模型 → 有效结论

图 2-2　人在推理时的心理活动

第一个阶段是理解:推理者根据自己的知识和经验来理解前提(问题情境)的含义,要理解前提所描述的对象,推理者必须先建立一个心理模型(可以看成假设),这个模型能够明示前提中隐含的信息,即能够对问题情境进行解释。

第二个阶段为描述:推理者尽量描述他所建立的模型(假设),这种描述应指明前提中未能显露的内容,在此基础上得出初步的结论(可以看成根据假设演绎出的推论)。

第三个阶段为验证:在这一阶段,推理者需收集证实或证伪初步结论的证据,同时搜寻能解释前提的其他可能模型以否定初步结论。如果没有其他可能性,那么就证明该结论是有效的;假如存在其他模型,那么推理者就会重新回到第二个阶段,去确认在他们建构的所有模型中是否还存在其他真实的结论,直至穷尽一切可能。由于依赖于量词和连词的演绎推理可能有的心理模型的数量是确定的,所以,如果要对一组前提所能构成的所有模型进行搜寻是能实现的。假如从前提中不能确定是否存在其他模型,则会以不确定的方式或以概率的方式来推导结论③。心理模型理论表明,推理是在原有的知识基础上建立假设,再根据假设演绎出结论,最后进行验证,如果验证不成功,将重新建立假设,直至找到合理的解释。心理模型理论也表明,根据同一情境,可能建立多个心理模型(假设)。问题越复杂和开放,与问题相容的心理模型就越多,则推理难度越大。现在溯因推理被认为是依据心理模型推理的主要形式。纳塞申(Nersessian,2002)用历史分析发现,科学家在探究中使用溯因推理而获得大的创新,同时也改变了

① Johnson-Laird P N. How we reason[M]. NewYork:Oxford University Press,2006:428.
② Johnson-Laird P N, Byrne R M J. Deduction[M]. Hillsdale, NJ:Erlbaum, 1991:36.
③ 胡竹菁. Johnson - Laird 的心理模型理论述评[J]. 心理学探新,2009,29(4):23 - 29.

他们科研工作的心理模型①。可以说,溯因推理既是依据心理模型推理的形式,也改变了心理模型。

从脑科学和心理学的研究可知,人们的日常探究并不用观察大量的事实来归纳出假设,而是根据已有的知识提出假说,再演绎检验,直到能建构出对问题合理的解释为止。因为不存在无目的的观察,故观察都是渗透理论的。假设的提出也并非完全非理性的,而是建立在已有的认知结构或心理模型上的。我们可以举一个日常生活的例子来说明。骑过摩托车的都有这种经验,当车无法发动或突然熄火时,骑车人会根据已有的经验提出各种假设,首先假设油箱里没有油,然后检查油箱,发现有油;排除油箱无油的假设,接着提出第二个假设——油路阻塞,打开检查,这样一直反复地进行假设检验,直到发现问题的答案为止。

三、伽利略发现木星卫星的思维过程

根据脑科学和心理学的研究成果,我们归纳出人们解决问题必须要有假设环节。科学家的探究是否和人们日常探究的思维过程相似? 我们很难发现科学家到底是怎么想的。但是,我们可以通过科学家的一些记录来推测其思维过程。1610 年,伽利略在他的《星际信使》中记录了自己用制作的望远镜发现木星的四颗卫星的过程②。由于是按时间顺序记录的,我们可以清晰地推测伽利略的探究逻辑。1610 年 1 月 7 日晚,伽利略用高倍望远镜对准了天空,无意中发现木星的两侧有三颗较小的星星,两颗在木星的东边,一颗在木星的西边,这些都是什么呢? 他写道:我开始认为可能是恒星,但我又有点怀疑,因为这三颗星星排在一条直线上,比其他星星更亮,且与黄道平行。由此可见,伽利略在心智模型中搜索,首先提出"恒星"的假设,再仔细观察,同联想记忆中恒星的特征比较,结果发现与恒星的特征不大相符。1 月 8 日晚,天一黑,伽利略就迫不及待地将望远镜对准了木星,发现昨晚看到的三颗星星全部在木星的西边,并且离木星更近了。是木星在运动? 还是三颗星在动呢? 这使他很惊奇和迷惑。伽利略写

① Nersessian N. The cognitive basis of model-based reasoning in science[M] //Carruthers P, Stich S, Siegal M. The cognitive basis of scienceCambridge, UK: Cambridge University Press, 2002:133－153.
② 彼得·西斯. 星际信使[M]. 舒杭丽,译. 南昌:二十一世纪出版社,2009.

道:木星运行的轨道可能与天文学家的计算数据不同,木星按自己的运行轨迹穿过了这些恒星。据此,我们可以推测,伽利略这个时候仍然没有放弃"恒星"的假设,而是把这种现象归咎于天文学家计算的错误。1月9日晚,伽利略想继续观察,可是天空覆盖着厚厚的云层,他不得不等到1月10日,这天晚上他只看到2颗星星都在木星的东边,第三颗未见到。这时伽利略的观点发生了变化,他说:"当看到这种现象时,我知道并非木星的运动造成位置的改变,我意识到我看到的这几个星星都是相同的,因为较远的范围内没有其他星星,造成位置改变的原因是这几个星星在运动,今后我还应更加仔细地观察。这时,伽利略已经推翻了天文学家计算错误的假设,而提出了这几个星星在运动的假设,即木星卫星的假设。1月11日晚,他又观察到2颗星星在木星的东边,并且比10日晚离木星的距离更远了。他这时已毫无怀疑地得出结论:天空中的这三颗星星围绕着木星运动,就像火星和水星围绕着太阳运动一样。

伽利略的日记显示了他的整个科学探究的逻辑:首先观察到迷惑的现象,然后形成一个因果问题,接下来产生一个恒星假设,然后使用回溯推理下意识地检验这个假设,发现值得怀疑并推翻恒星假设,然后又产生另一个假设(卫星的假设),对该假设做想象检验,再继续观察、收集证据来验证假设,将得到的结论与已有知识经验相比较,如果发现符合公认的科学理论,则证明结论的合理性。伽利略的科学发现过程可以用图2-3来表示。

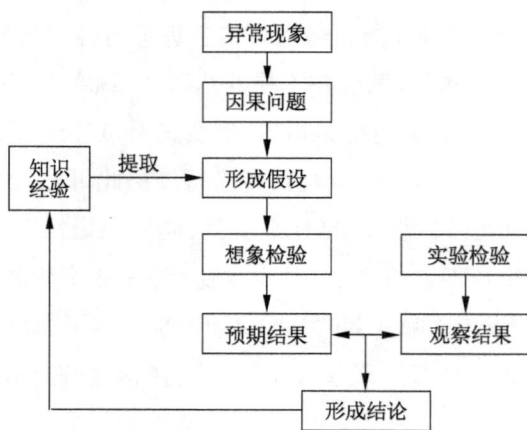

图2-3 伽利略发现木星卫星的过程

科学史上的科学发现大多遵循相同的程序,如法拉第关于电磁感应现象的发现。据说,他在得知奥斯特关于电流能转化磁现象的实验结果后,立刻联想到"磁能否转化为电流"的假说,为此花费了 10 年的时间进行实验检验,并成功创立了电磁感应定律。

从上述案例还可以看出,背景知识是伽利略提出科学假说的来源,伽利略至少具有天体的三个类别的背景知识:恒星不会移动,因为它们固定在太空中;行星是围绕着恒星转的星球,如地球;卫星是围绕着行星运转的天体,如月球。因此,科学假说的提出并非没有依据,一个不懂科学的人,根本无法提出相应的科学假设。

第三节　结论与思考

一、研究结论

通过对脑科学、认知发展论、心理模型理论及科学家的笔记分析等,我们可以得知,科学家的发现也并非先收集很多证据再提出假设,而是面对问题,首先利用已有的经验和知识做出假设,再对假设进行检验、论证等。表面上,科学假设的提出往往是突发性的,但实际上,科学假设的提出也有一个酝酿的过程,没有若干实验事实的提示,也不可能有瞬时的发现。但这个过程并非归纳,因为这个时候经验事实很少,甚至根本没有任何指向归纳结论的事实。科学发现的模式可以概括为:第一个阶段,观察到"令人惊奇的现象",科学家通过溯因推理提出假设解释这个现象;第二个阶段,通过演绎从该假说得出新结论;第三个阶段,应用归纳对新结论进行检验,依此循环。前期没有任何期望(假设),通过归纳得出的结论并非科学探究。因此,归纳推理并不是产生科学假设的方法,科学假设是创造的结果。科学探究的本质是产生、选择、修正、解释与接受科学假设的逻辑过程。科学假设是科学发现必不可少的环节,并非一些类型的科学探究有,一些则无。正如恩格斯所言:"只要自然科学在思维着,它的发展形式就是假说。"①

马克斯·尚恩在他的书中说道:"毫无疑问,原子能解释一些令人迷惑的现象。但事实上,原子的存在只是当时科学家的想象。如果它们真的存在,那太小了,也无法观察到。原子理论怎么能够建立呢? 幸好,有一种办法,先推测原子存在,再演绎出一些推论,如果这些推论能与经验现象相吻合,那么就接受原子存在的假设;相反,则重新寻找新的想法。"②从马克斯·尚恩的论述可知,科学理论的建立是由假设开始的,如果这个理论能解释很多现象,那么科学共同体就接受这个理论,但并不意味着它就是一成不变的真理。

从人脑解决问题的过程我们还可以得出这样的结论:科学家的探究和普通人的日常探究本质上是一样的,只是复杂程度不同而已。为了验证这个结论,劳森(Lawson,2005)让非主修生物专业的大学生进行 Mellinark 生物辨别任务,任务分为两种形式:第一种形式让学生观察很多 Mellinark 生物图像,再在一些图形中找出 Mellinark 生物;第二种形式仅让学生观察一个 Mellinark 生物图像,然后在一些图形中找出 Mellinark 生物。结果发现,学生在两种形式中选择正确的答题率一致,结论表明,枚举归纳并不存在③。因此,日常的探究同样必须有假设环节。

二、几点思考

根据科学哲学、脑科学和心理学的研究可以发现,科学探究包含假设环节已在学术界达成共识。但为何教育学者和教育工作者对此持否定态度? 这就需要对科学探究和探究教学进行区分,对科学问题进行分类探讨,还需要对科学家的探究和学生的探究进行辨别。

(一)科学探究与探究教学的区别

探究教学就是师生在教学中运用科学过程与方法做科学,模仿科学家那样

① 恩格斯. 自然辩证法[M]. 编译局,译. 北京:人民出版社,1971:218.

② Chown M. The magic furnace: the search for the origin of atoms[M]. New York: Oxford University Press, 2001.

③ Lawson A E. What is the role of induction and deduction in reasoning and scientific inquiry? [J]. Journal of Research in Science teaching,2005,42(6):716-740.

做研究来获取科学知识。但探究教学和科学家的探究毕竟有差别,不能完全等同。首先,探究教学应和学生的年龄阶段相适应。皮亚杰认为,11 周岁以上的儿童才具备假设检验和控制变量的能力,因此,对于小学低年级的学生而言,教师在探究教学中就不能要求学生提出科学假设,最多是提出一些猜想。既然是猜想就显得比较简单,可能理论或经验依据不充分。因此,导致一些教师认为探究教学不一定需要假设环节。其次,探究教学应根据学生的特点,与学生的知识基础和认知发展水平相适应。探究教学是对科学探究的模拟,两者是相似而不等同的①。因为学生不是科学家,教学也不是真正的科学探究,所以探究教学应立足于学生的知识基础和认知发展水平。对知识基础和认知发展水平较差的学生而言,教师应多给予帮助和指导,比如教师可以代替学生提出假设,让学生去实验验证,待学生具备一定的探究能力后,教师才让学生自由探究。然而,在有些教师看来,学生的认知水平还达不到提出假设的要求,很多教师就把这个步骤省略了,这就导致一些教师认为探究教学可以不用假设。最后,探究教学的目标是让学生掌握已有的科学知识,在学习已有科学知识的过程中,掌握科学方法,培养科学精神。为了便于学生对知识的理解和掌握,科学教育学者们开发了多种探究教学模式,这些探究教学模式并非都包含假设环节。如一种探究教学模式为,科学探究是从问题出发,不断地收集事实,然后处理事实和资料,得出科学结论,最后表达与交流②。这个模式就没有科学假设环节,探究是从问题出发。我们不能说这个模式就不好,因为此模式的主要目标在于培养学生的科学抽象能力、归纳推理能力,通过这种探究教学也能使学生掌握科学知识。因此,很多教师认为探究教学不一定需要假设环节。

(二)科学问题与科学假设

科学问题是指科学认识过程中需要回答而在当时的知识背景下又无法解决的矛盾。对中小学生而言,科学问题是在他们知识结构中还没有理解的科学概念和未发现的科学事实或者尚未完全解决的有关科学知识和对象或其关系的疑难。从不同的角度,科学问题有不同的分类。依据对背景知识的不同分析,可以将科学问题分为常规问题和反常问题、事实问题和理论问题。根据问题对象所

---

① 徐学福,宋乃庆.探究教学的模拟问题研究[J].中国教育学刊,2001(4):45-48.
② 衣敏之.几种探究式教学模式的研究[J].化学教学,2004(3):3-6.

处的领域和解决问题的方法是经验的还是理论的,可将科学问题分为经验问题和理论问题①。如"声音是怎么产生的""为何秋天的树叶呈黄色"等,都是经验问题,这类问题对应的科学知识是经验定律和经验知识或概念,可以直接通过观察或实验程序所获得的经验证据来加以解决。因此,在很多教育工作者看来,经验问题的解决是可以通过观察同类的现象,以不完全归纳的方式加以概括,通过与理论演绎的结果相结合,上升到普遍认识来解决。如现行中学常见的欧姆定律的教学过程,就是教师创设情境,不断地通过观察实验中的电流、电压和电阻的关系,从而归纳出"在同一电路中,导体中的电流跟导体两端的电压成正比,跟导体的电阻阻值成反比"这个定律,这其中没有科学假设的步骤。这种教学显然不符合科学研究的真实过程,因为如果没有假设的指导,学生就不知道怎么去收集事实、收集哪些事实,学生在做实验过程中大脑内必然有"电流、电压和电阻肯定存在比例关系的假设"。但为何科学教师没有让学生提出这种假设呢?原因是一些经验现象看起来过于常见或简单,"提出假设"这个环节可以忽略,比如"所有的金属都会导电"就是一个大家认为比较简单的经验现象。

我们再来看美国小学教师派因的观点,他认为科学探究可以不要假设,而是从问题开始,是问题不断激发学习者的研究活动。很多人常提起爱因斯坦的这样一句话:提出问题比解决问题还重要。如果我们认真分析,可以发现其实问题就包含着假设和观点,因为提问题的方式即问题的指向,这不仅预示着研究的目标,而且预示着求解的应答域②。实际情况是,一个问题只有当它有可能用科学的解释范式加以研究时,才能上升为科学问题,才能真正被当作科学问题提出来。所以,可以说提出一个问题就包含着提问者的一些假设。因此,派因的观点是不正确的。科学探究包含着假设环节,只是有些不必要显示而已。

(三)科学家的探究和学生简单探究的差异

科学探究是复杂的科学推理过程,根据美国《下一代科学教育标准》,学生应该知道有很多科学探究方式,观察者的偏见影响科学解释的客观性,不同的研究者使用不同的研究方法会得出不同的结论。学生还要建构理论解释观察到的一系列证据,确定什么证据能使用,批判其他解释。总之,美国《下一代科学教

① 谢鸿昆.科学的问题[J].科学技术与辩证法,2007,24(1):14-18,110.
② 高冠新.科学问题、科学事实及其辩证关系[J].湖北社会科学,2003(4):65-66.

育标准》的这些论述就是要求在科学教学中帮助学生学习真实的科学探究。但学生的科学探究与科学家的科学探究不能画等号,两者之间有较大的区别。真实的科学探究是科学家实际采用的研究方式,比如要用昂贵的仪器、高深的专业技能、发达的技术来进行数据分析和模型建构[①]。有教师将学生的科学探究与科学家的研究的区别归纳为六点:① 探究目标的不同,学生的探究目标是科学素养,科学家是建构科学理论;② 探究问题不同,学生探究的问题一般是教师已经知道结果的问题,而科学家探究的是人类未知的问题;③ 探究时限的差异,学生的探究有时间限制,而科学家的探究却没有;④ 自我监控能力的差异,学生的探究自我监控能力弱,他们比较难发现自己在探究中的问题和缺陷,而科学家自我监控能力强;⑤ 对客观事实和主观意愿的态度不同,学生分不清主观意愿和证据,而科学家的探究则努力排除主观意愿;⑥ 对实验的精确度的要求不同,学生的探究对实验精确度要求低,而科学家要求高[②]。既然两种探究有这么大的差异,那么科学教育工作者对探究教学的理解出现一些差异也不足为奇。值得注意的是,目前对科学探究的理解存在两种极端,一种是把科学探究泛化,如一些研究者和教师认为,只要具备某些科学探究要素的就是科学探究,不需要完整的科学探究过程;另一种是把科学探究神化,这些人认为学生的科学探究必须像科学家那样做研究,是非常复杂的过程,一般能力的学生是不能进行科学探究的。我们对这两种观点都不赞成,基于学校的条件,科学教师应设计一些"简单的探究任务",虽然简单,但应包含真实科学研究的核心要素,只有这样,才能通过科学探究培养学生的科学素养。

　　克拉克等(Clark et al,2001)把现实学生的探究称为"简单探究"。根据对中小学生科学探究的观察,简单的探究可以概括为"简单的实验""简单的观察"和"简单的解释"[③]。简单的实验是指学生在实验探究中只关注单一变量,而其他变量被控制。如在影响化学反应平衡因素教学中,学生要么控制温度、要么控制压强等。简单的观察是指学生观察教师引导的特定现象,其他一些现象被忽略了,如铜与浓硫酸在加热的条件下反应,教师很少引导学生观察产生的黑色物

① Giere R N. Explaining science:a cognitive approach[M]. Chicago:University of Chicago Press,1988.
② 郑青岳.学生与科学家之间探究的差异及其对教学的启示[J].教学月刊(中版),2012,(2):3-4.
③ Clark A C, Betina A M. Epistemologically authentic inquiry in schools:a theoretical framework for evaluating inquiry tasks[J]. Science Education,2002,86(2):175-218.

质。简单的解释是指学生根据规定的程序,对观察到的特定现象进行解释和说明,而这些解释和说明也就是教科书中的基础知识。如在装有过氧化钠粉末的试管中加水,用手指堵住试管口,发现有气体产生,将带火星的木条放在试管口,木条复燃,说明产生的气体是氧气;在反应后的溶液中加入酚酞试剂,酚酞变红,说明有氢氧化钠生成,放置 1~2 分钟,酚酞又褪色,教师在这步一般不让学生解释,因为教科书没有这方面的知识点。所以"简单解释"是指用教科书现成的知识对特定的现象进行解释。

克拉克和拜缇娜认为,学生的探究主要在两方面表现简单。其一,在假设的提出方面要求比较简单,学生很少去思考假设是如何提出的,很少使用类比模型提出假设,提出的假设比较简单和单一,甚至有时都不需要提出假设,而科学家在假设的形成方面复杂得多,对同一问题需要提出多种假设。其二,科学家常通过不可观察的实体建构假设,常建构模型来表达理论机制,而学生仅发现经验规则,很少建构模型来提出假设。其三,在对待证据和论证方面,学生仅用一种观点来解释实验结果,而科学家用多种理论解释实验数据,学生利用的证据是单一的,而科学家利用的证据是多样的,学生仅在实验中使用论证,而科学家用多种标准的论证形式,常基于学术标准进行社会合作论证。由此可见,科学家的探究必定有科学假设环节,而学生探究的科学假设环节有时被忽略了,这就是为什么很多教师认为学生的探究可以不用假设。我们认为,要使学生的科学探究真实地模拟科学家的探究,关键是在科学假设的形成和论证方面来体现,这才是探究教学的核心所在。

第三章　科学假设能力的结构模型建构

由前面的研究可知,科学假设是科学发现中的核心步骤,它的提出有一定的逻辑和程序。然而,科学假设是如何产生的,产生科学假设的具体逻辑思路是什么? 目前还存在着很大的争议。由于对科学假设产生的逻辑不了解,又受到逻辑实证主义思想的影响,因而当前科学教材的编制和教学实践更重视的是实验验证、数据处理,很少有让学生提出假设及围绕着假设进行辩论的活动。也就是说,当前的科学探究更重视做科学、验证科学理论,忽略了对科学的论证活动,偏离了科学的社会建构特点。

第一节　当前探究教学中科学假设环节存在的问题

一、科学教科书对科学假设理解的偏差

查阅人教版《义务教育课程标准实验教科书·化学》,很少有让学生提出科学假设的探究活动。如金属的腐蚀与防护的探究活动中,教科书是这样描述的:"根据你的经验,已经知道铁制品在干燥的空气中不易生锈,但在潮湿的空气中容易生锈,试通过实验对铁制品的腐蚀条件进行探究。"[①]本来这个探究活动可

---

① 课程教材研究所,化学课程教材研究开发中心. 义务教育课程标准实验教科书. 化学(下)[M]. 北京:人民教育出版社,2002:
19.

以先让学生提出科学假设,再设计实验进行验证,教材显然是想把这个设计留给教师。因此,我们可以看出,教材并不重视探究教学的科学假设环节,可能是教材的编写者对探究教学假设环节理解的偏差所致。相对而言,小学科学教科书有更多关于猜想与假设的内容,如"海尔蒙的实验告诉我们,水是植物生长的重要物质。植物通过哪些器官吸收和运输水?我的猜想:植物通过( )吸收水,通过( )运输水。把你的猜想画下来,植物需要的水是由哪些器官吸收的?请你设计一个实验来研究。"①教科书要求学生把自己的猜想画出来,是为了展示学生的思维过程,值得肯定,但这也存在一些缺陷,如这样猜想的证据、理论依据(原因)是什么呢?翻阅各个版本的科学教科书,还未发现有要求学生写出假设的理论依据或推理方法、证据的。教科书应反映真实科学,如何利用证据提出假设及围绕着假设进行论证的活动是科学探究的核心,但教科书已经忽略了这些环节。这些都证明了教科书编写者对科学假设环节理解的偏差。

二、科学教师对探究教学中的假设环节认识不足

探究教学的案例在网上、教育类期刊随处可见,其中不乏有一些真知灼见的好案例,但相当多的案例并未深层次地体现科学假设环节。

【案例3-1】 对"铁生锈原因"的实验探究②

第一步,提问或启发学生通过生活现象发现问题:铁生锈的原因是什么?

第二步,引导学生充分思考后提出假设:① 铁生锈是因为与空气接触,和空气中的氧气化合所致;② 铁生锈是因为空气中有水蒸气,水和铁起化学反应所致;③ 铁生锈是水和空气共同作用于铁的结果。

第三步,指导学生根据以上假设设计和观察实验:① 取一支试管,用酒精灯烘干,向里面放入一根铁钉,然后用橡皮塞塞紧试管口,使铁钉只与干燥的空气接触;② 再取一支试管,向其中放入一根铁钉,注入刚煮沸过的蒸馏水至浸没铁钉,然后在水面上注入一层植物油,使铁钉只与水接触;③ 取第三支试管,往其中放入一根铁钉,然后注入蒸馏水,不要浸没铁钉,使铁钉同时与空气和水接触。

① 人民教育出版社课程教材研究所.科学(六年级上)[M].北京:人民教育出版社,2006:9.
② 唐建华.化学实验教学如何培养学生的科学素质[J].教育科学研究,2001(1):40－43.

最后,组织学生分析和讨论实验结果。

这个教学案例也要求学生做出三个假设,但并未对假设进行讨论,比如提出假设的思维过程、证据,科学假设自身的特点等,而是直接设计实验去验证这些假设。由此可见,教师对科学假设的认识不足,不能理解科学假设的本体含义和逻辑机制,导致在教学课中学生假设思维层次太低。尽管这种教学也能使学生理解铁生锈的知识、掌握控制变量的实验方法,但学生没有学会真实的科学探究,不会利用证据,因为探究教学中最重要的环节被忽略了。

教师对科学假设认识不足还会造成教学中出现"伪假设"的现象。所谓"伪假设"教学就是教师也要求学生做出假设,但这些假设是随意的猜测,没有什么根据。例如初中化学的质量守恒定律教学,教师要求学生提出反应前后物质的质量总和增大、减小或不变的假设,很少有教师要求学生思考这些假设是怎么形成的。因此,这样的假设根本无须学生假设思维的参与,久而久之,必然导致学生对科学研究中的假设产生过于简单化的误解。

第二节　科学假设形成的逻辑机制

当前的科学课程,不论是教科书中的科学探究,还是科学课堂的科学探究,都没有重视假设的产生过程及其论证。主要是因为教师和部分学者不了解科学家提出假设的逻辑机制,不了解真实的科学研究过程。文献检索发现,国内外对学生科学假设能力的研究要么仅关注科学假设自身的含义和质量评价标准,未注意科学假设能力的其他维度;要么属于自身的教学经验,理论基础薄弱。要完整了解科学假设能力结构,还必须从科学家提出假设的逻辑机制去探讨。

一、溯因推理

(一)溯因推理的逻辑机制

简单地说,科学探究包括假设的形成和检验两个阶段。科学家如何形成科学假设,科学哲学界存在着种种争议。经验主义者认为,科学假设是收集一定的事实归纳得出的,但质疑者认为,科学家收集事实必须在假设的指导下进行,否则就不知道收集哪些事实,即归纳也必须以假设为前提。批判理性主义者把假设—演绎模式作为科学发现的方法。根据他们的观点,假设的产生并无逻辑可循,而是一个创造性的过程。因此,假设如何产生既说不清楚也不重要,重要的是它们如何被检验。这种观点既不利于科学哲学的发展,对科学教育也无参考价值。现代科学哲学把皮尔士提出的溯因推理作为科学假设形成的逻辑。溯因推理开始于令人惊奇的事实,通过建构一个科学假设,如果这个假设能解释这一惊奇的事实,那么就暂时认为是真的,接受这个假设。其基本逻辑形式为[1]

① 观察到惊奇事实 C。

② 如果 A 为真,那么 C 就是必然。

③ 因此有理由猜测 A 为真。

其中,C 与 A 之间在认知上存在着相似关系。由此可知,溯因推理至少包含两层要义:一是能产生新的观念,即通过建构新的假设来解释惊奇现象,所以充满创造性;二是它还存在假设检验的过程,是"一个选择一种假设的过程"[2]。

溯因推理的逻辑起点是已有的事实、知识和理论,结论具有或然性的逆向推理方式。按汉森的说法,"如果 A 为真,那么 C 就是必然",这里我们就有个疑问,这个 A 是怎么来的。皮尔士认为,要从事实过渡到假设,溯因推理重要的认知特征是相似性[3]。其中,模型推理和类比推理在假设溯因中扮演了重要的角色。由此可见,这个 A 是采用模型或类比推理得出的。因此,科学假设的产生并非科学家的神来之笔,而是基于背景理论和要求解释的数据强行提出多个新的说明的一种深思熟虑的方式,常常是一个长期的过程。

(二) 选择性溯因和创造性溯因

玛格纳尼将溯因推理分为选择性溯因和创造性溯因[4],选择性溯因是指在现有的理论框架中选择一种或几种来对特定的自然现象进行解释,因此,选择性

---

① N. R. 汉森. 发现的模式[M]. 刑新力,周沛,译. 北京:中国广播出版社,1988:93.

② Peirce C S. Collected Papers of Charles Sanders Peirce(Vol.7)[C]. Cambridge, MA: Harvard University Press, 1961:219.

③ 徐慈华,李恒威. 溯因推理与科学隐喻[J]. 哲学研究,2009(7):94~99,129.

④ 洛伦佐·玛格纳尼. 发现和解释的过程:溯因、理由与科学[M]. 李大超,任远,译. 广州:广东人民出版社, 2006.

溯因并不具备多大的创造性。比如医生诊断病情常用到选择性溯因,面对患者,医生常在已有理论框架中选定诊断假设,然后根据该假设推断治疗方案,再依据病情是否好转来判断该方案是否恰当。创造性溯因是指很难在已有的理论框架中选择一种来解释异常现象,因此,科学家就需要创造一种新的理论来解释,尽管这种新的理论也是在已有理论基础上的创新。我们用溯因推理的表达形式来分析,观察到异常现象 C,且现有的知识不能解释 C,那么就必须创造出 A 来解释 C。创造性溯因推理就是在只看到反常的结果事件的情况下,去猜测先前未知的原因事件或内在机制,其背景语言是开放的,有可能创造新假说,也可能导致对既有理论的修改,从而可能增加我们的知识[①]。

溯因推理是科学家和人们日常生活常用的推理方式。对科学家的发现来说,更多的是应用创造性溯因,而人们的日常生活中的问题解决和学生的探究学习更多的是应用选择性溯因。

二、合理科学假设的选择

由于不同的视角,即使根据同一事实,科学家也可以提出多种假设,这就是科学假设集。因此,科学假设的提出往往具有多样性和尝试性。如物理学史上光学中关于光的性质的波动说和微粒说;生物学上关于生物进化的突变论和进化论;地质学上关于岩石成因的水成说和火成说,等等。这些假说都能解释一些观察,而一个具体的假设并非如果为真,就说明了所有的观察,科学家需要从假设集中选择最佳的一种假设作为对问题的解释。据此,在皮尔士溯因推理的基础上,哈曼提出最佳说明推理(inference to the best explanation,IBE)。正如利普顿所言,在我们对现象的说明上,形成信念的不同背景往往会提供一些相互竞争的假说来。这样,最终就会有这样的一个假设:与其他假设相比,它更优越。这一情形反映了科学或哲学领域内的信念形成问题,同时也涉及信念形成的推理机制,这就是"最佳说明推理"[②]。

IBE 的基本过程可以分为三个阶段:首先,它从令人惊奇的科学事实出发。

---

① 夏代云.创造性溯因推理与科学发现以现代原子模型的早期发现为例[J].自然辩证法研究,2008(7):27-32.
② 彼得·利普顿.最佳说明的推理[M].郭贵春,王航赞,译.上海:上海科技教育出版社,2007.

其次,对这个惊奇事实建构不同的科学说明并进行探究。最后,从中选择最佳的说明(假设)。

IBE 的一般推理模式可表述如下:

① 相关现象组 D;

② H_1 可以说明 D,H_2 可以说明 D……H_n 可以说明 D,其中 H_1,H_2,$\cdots$,H_n 是用来说明现象组 D 的假说;

③ H_i 比其他假说能够更好地说明 D,其中 $1 \leqslant i \leqslant n$;

所以,H_i。

上述"没有其他的假设像 H_i 一样更好地说明 D"就是 IBE,这是对皮尔士和汉森溯因推理的发展。因此 IBE 的推理包含了对假说的评价。由此可见,最佳说明推理是溯因推理的改进形式,是溯因推理的精致化。如何判断哪种说明是最佳说明呢? 利普顿用可能性和可爱性来解释最佳说明,可能性是指"最有根据的说明",可爱性指能提供"最多理解的说明"[1]。即可能性与"真"有关,有很多证据能说明这个假设;而可爱性与潜在的理解相关,这个假设能够提供更多的解释。在实际科学发现中,根据最佳说明推理,还可能出现对几种尝试性假设进行逻辑分析、实践检验,发现它们都只是揭示了尚待解决的问题的一个方面,于是,这几种假设融合为一个内容更丰富的新假设[2]。如光的波动假说和粒子性假说融合为光的波粒二象性假说更能解释光的反射、折射和衍射等性质。因此,最佳说明推理包含着对假设进行论证、选择的过程。尽管溯因推理也包含选择假设的过程,但它的作用只是提出有根据的假设集,属于科学探究的第一阶段。合理科学假设的提出应包含溯因推理和最佳说明推理两个步骤,即提出科学假设集和科学论证。

三、大脑形成科学假设的逻辑操作

溯因推理和最佳说明推理共同组成了科学假设形成的推理方式,但并没有表明科学假设更细致、更具体的逻辑操作。脑科学的研究成果则清晰地表明了

① Lipton P. Inference to the best explanation[M]. 2nd ed. London and New York: Routledge, 2004.
② 孙伟平.关于假说的形成过程、方法及原则的探讨[J].北方工业大学学报,1999(2):34-42.

科学假设形成的具体逻辑操作。大脑形成科学假设概括为三种逻辑操作：一是搜索，二是形成，三是选择。科学假设的形成过程是这三种逻辑操作的结合、互补和应用的结果。

第一是搜索。当面临异常现象时，为了解释这个现象，人们就会在已有的知识和经验中寻找能够解释这个问题的知识，这就是搜索。搜索是以人们以往的解决问题的经验和知识为基础的，并且是通过检索、提取的方式完成的[1]。根据信息的保持时间，认知心理学把人的记忆分为瞬时记忆、短时记忆、长时记忆和永久记忆四种[2]。人们要提取已有的知识和经验，必须先在长时记忆中去检索，因为长时记忆储存着大量的知识经验，这些知识经验被提取到工作记忆（短时记忆或操作记忆）的平台上来，工作记忆是用于信息加工并同时保持与当前任务相关的信息和机制[3]，执行着对异常现象的解释（科学假设）。因此，能否提取有关知识经验是学生科学假设能力的重要评价指标。

在思维搜索中，首先是再认检索，再认是提取的一种方式，是外部刺激与内部存储信息的配对过程[4]。人们总是在大脑中寻找与问题情境相同的知识和经验，并用于对问题提出假设。比如摩托车中途熄火，人们会想到以前经历这种故障时的原因，这就需要用到选择性溯因。其次是类比搜索。如果面对的异常问题是人们没有经历过的，这时人们就会倾向于在头脑中寻找相类似的经验，并把问题情境和头脑中相似的经验进行类比，以寻找对异常现象的假设，这就是类比搜索。类比是人类解决问题的重要推理方式，可以说，几乎所有的科学理论都有类比推理的影子，比如科学家把光比作一种粒子，因为光具有反射和折射的性质。由此可见，搜索是溯因推理的表现形式。

第二是形成，即形成科学假设。通过检索和提取，人们激活了大脑中已有的知识经验，并将其提取出来，这些知识经验并非都能直接用于提出科学假设。这是因为需要人们提出假设的往往是异常现象，与以往遇到的问题有很大的区别，而提出科学假设都必须把以往的经验和当下问题的目标、证据相结合，在短时记忆的平台上进行思考。如果人们对异常现象的解释完全没有可以用来直接类

---

① 张义生.论求解思维的逻辑操作[J].江苏社会科学,2007(3):22-25.
② 范安平,彭春妹.教育应用心理学[M].武汉:武汉大学出版社,2003:63.
③ 沈德立.学习与大脑[M].天津:天津科学技术出版社,2008:171.
④ David A. Sousa.脑与学习[M].董奇,译.北京:中国轻工业出版社,2005:85.

比的经验,那么人们就会在思维中去寻找与当下问题有某种关联,甚至是存在着哪怕是一点点微弱联系的部分的或是零碎的经验素材。然后通过思维对这些素材的重新组合、想象,构造出一种新的科学假设,如凯库勒的苯分子结构就是通过重新组合和想象提出的假设。因此,人们提出科学假设不能仅仅依靠检索、提取,还需要对检索到的信息按照当下解释异常现象的需要进行重新组合,甚至创造性想象,才能形成可用于当下问题的科学假设,这就是创造性溯因。因此,形成假设阶段包括组合和想象两个环节。组合和想象都是重要的创造方法,组合是事物整体或部分的叠加,即使是同样的部分,采用不同的组合就可以得到不同的事物。组合可以使已有的事物,经过意义、功能、原理、构造、材料诸方面的变化,形成新事物,从而使已有的事物产生新的或更佳的功能和意义①。因此,组合是科学假设的形成阶段的重要方法。组合是利用已有的知识进行,并不改变已有知识的原貌,往往单纯的组合不能建立有新意的科学假设,因此,还必须发挥想象的作用。想象是人脑在过去感知的基础上对所感知的形象进行加工、改造,创建出新的形象的心理过程。其生理基础是大脑中原有的没有关联的事物经过重新组合、搭配,构成新的、有联系的事物的思维过程②。这种思维还必须对原材料进行分析和综合加工,从而提出未曾知觉过的甚至不曾存在的事物新形象的假设。

第三是选择。在提出假设时,搜索阶段主要应用发散性思维,经过搜索和形成阶段,人们能够提出多种关于解决问题的假设。但哪种假设比较合理,这就要用到选择。因此,选择是对搜索阶段的各种结果进行评价、比较,从而找到最佳假设的过程,整个过程都要应用收敛性思维和反省思维。反省思维是杜威提出的概念,是对某个问题持续地、不断地深思,以使思维沿着解决问题的目标前进。反省思维实质是批判性思维,科学假设的选择过程也是一种批判性的思考的过程。选择包括评价、比较和择优三个基本逻辑环节。这三个环节密切相连,不可分割。评价是对搜索到的各种知识经验,根据问题情境的各种证据、问题的目标状态,以及这些知识经验对问题情境的符合程度进行评估,判断哪些经验、知识和问题情境相似、能解释问题情境,所以评价不是抽象地、孤立地进行。人们必

① 杜永平. 创造思维与创造技法[M]. 北京:北京交通大学出版社,2003:110.
② 周耀烈. 创造理论与应用[M]. 杭州:浙江大学出版社,2000:68.

须在与其他科学假设的比较中才能正确确定哪个假设最有价值,因此,这就形成了选择的三个逻辑基本环节——评价、比较和择优。

经过评价和比较,最后就是选择最合适的科学假设。选择最佳的科学假设是有标准的,如科学假设与问题情境的符合程度、证据的利用程度、推理是否符合逻辑、能否较完备地解释问题等是最主要的标准。对一个问题而言,可能有较多的科学假设会满足这个标准。选择科学假设时还要符合简单性、可检验性、预见性强等特点。因此,大脑形成假设的过程就是溯因的过程,其中可能用到选择性溯因,也可能要用到创造性溯因。

四、科学家提出假设的具体思维过程

(一)科学假设提出的显性思维

根据大脑形成的科学假设的具体逻辑操作,为我们详细探讨科学假设形成的思维过程做了铺垫和实证支持。从有待解释的事实开始,分析它们,然后提出科学假设,溯因推理产生科学假设的具体思维过程是什么呢?以下用卢瑟福原子结构模型和产褥热病因的发现来说明。

【案例3-2】 卢瑟福原子结构模型的发现

卢瑟福发现原子结构模型的基本思维过程可以概括如下。

意外的现象被观察:卢瑟福和他的助手做粒子散射实验时发现,大多数粒子可以透过金属箔或偏转一个很小的角度,但有小量粒子产生很大的偏转,极少数粒子竟被反弹回来。这些现象可以概括为,原子里面大多数应该是空虚的,而中间有个体积很小、密度很大的原子核。

从已有的经验知识和理论中寻找相似的现象:太阳系中太阳的质量占99.87%,而体积却占太阳系的很少一部分,这些与原子结构相似。太阳与行星之间遵守万有引力定律,而原子核和电子之间的电吸引力遵循库伦定律,这两个定律的数学关系式也基本相似。

借相似现象的因果解释提出假设:提出原子的行星结构模型假设。

卢瑟福原子结构的发现过程是溯因推理的一个好例子。溯因推理的基本形式是一种从好奇的或者典型特征的一些因素到这种假说在这个特定事件中是一

个好的候选说明的推理。[①]

　　　特征 A1；

　　　A1 类似于 A2；

　　　假说 H1 是 A2 的原因；

　　　所以可能 H1（或者类似于 H1 的某事）是 A1 的原因。

　　根据上述案例，我们可以想象，卢瑟福在面临迷惑的问题时，必定在已有的认知结构中思考了多种相似经验现象，并为此想出各种假设，然后选择最合适的一种作为问题的假设提出，再对提出的假设进行创造性思维加工，即通过二元联想把太阳系行星结构模型和原子的实验结果联系起来，从而创造出原子结构的理论。

【案例 3-3】　产褥热病因的发现

　　维也纳总医院有第一和第二两个产区，塞麦尔维斯作为医生在第一产区工作，这个产区以男妇产科专业的实习医生为主，第二产区以女妇产科专业的实习医生为主。但两个产区产褥热的死亡率差别很大，1841—1846 年，第一产区产褥热死亡率 2.5 倍于第二产区。当时人们都认为产褥热是由某种传染性疾病感染引起的，传播途径是"大气、宇宙、地球的变化"。塞麦尔维斯并没有相信这种解释，因为如果是这个解释的话，两个产区的死亡率应没有区别。塞麦尔维斯又推断可能是宗教圣餐引起的恐惧导致死亡，因为进行临终祈祷的天主教牧师和随从会带着一个摇铃有规则地穿过第一产区而不是第二产区，这个过程引起了更多的焦虑，但当这种情况改变后并没有导致第一产区死亡率的下降，因此，他排除了这个假设。由于产妇死亡率没有下降，医院成立调查组进行调查并得出结论：男学生对产妇的粗暴检查引起了疾病。因此，医院减少了第一产区男性实习医生的数量，但仍然还是有相当多的产妇因产褥热死亡，说明这种观点是没有根据的。塞麦尔维斯也思考过"拥挤""产妇分娩姿势"等这些他本人都不太相信的假设，但都被他所排除。1847 年 3 月 20 日，塞麦尔维斯的同事科列奇卡死于验尸后手指刺伤引起的血液中毒，这使他忽然意识到产褥热的病因和科列奇卡死亡的病因是一致的。科列奇卡患病的特殊原因是进入他的血液系统的尸体

[①] Paavola S. Abduction through grammar, critic and methodeutic [J]. Transactions of the Charles. Peirce Society, 2004, 40（2）: 245－270.

微粒,产妇死亡很可能是医生和医科学生做检查时把"尸体微粒"(即现在所说的微生物和细菌)带到产妇的血液中而引起疾病。塞麦尔维斯提出了"尸体微粒"引起产褥热的假设,然后他安排所有医科学生在进入产房前用漂白粉溶液洗手,奇迹终于出现了,产褥热死亡率迅速下降。因此,塞麦尔维斯把"尸体微粒"假设作为产褥热病原[①]。

由上述案例可知,塞麦尔维斯面对两个产区的产妇死亡率不同的"异常现象",根据观察到的现象和各种证据,运用溯因推理产生各种尝试性假设并不断检验,直到发现了一个有效地减少产褥热死亡率的办法和似真的说明为止。"尸体微粒"假说发现的过程就是运用溯因推理的例子。其中,类比在溯因推理中扮演了重要的角色。劳森(Lawson,1995)认为,溯因推理很大程度上是从已知的经验情境中借用与问题情境相似的知识来解释的推理方式[②]。塞麦尔维斯发现同事科列奇卡死亡的症状类似于产褥热死亡的症状,于是借用科列奇卡死亡的病因提出产褥热的病因——"尸体微粒"假说。"尸体微粒"假说的提出也用到了最佳说明推理的可爱性和可能性的标准,产褥热可能由某种血液中毒引起的思想是可爱的,它与产褥热症状相关。同时,这个假说又是最有根据的,因为它能有效地减少产褥热死亡率,而且解释了医院两个产区的不同和其他一些细节。因此,"尸体微粒"假说的提出是溯因推理和最佳说明推理综合运用的结果。

从上述两个科学发现的实例可以看出,科学假设的提出是类比、想象、归纳等推理方法应用的结果。科学史上,类似的科学发现比比皆是,如麦克斯韦的光的电磁理论是把光与电磁波进行比较而得到的发现,伽利略发现木星的卫星过程也是不断地用所掌握的恒星和卫星的知识与观察到的证据做对比。由此可知,意外现象与假设之间存在一条可以跨越的鸿沟,那就是从已有知识和理论中寻找相似的经验现象或理论,并借用其中的因果解释提出假设,然后选择最合适的假设提出。科学假设提出的整个溯因过程可用图3-1来描述。

---

① 荣小雪,赵江波.产褥热病原发现的方法论模型研究[J].科学文化评论,2011,8(4):66-79.
② Lawson,A. E. Science teaching and development of thinking[M]. CA:Wadsworth Publishing Company,1995.

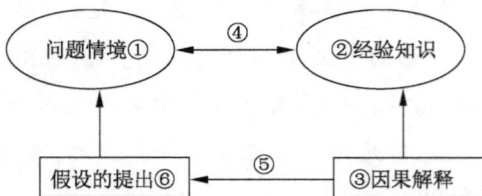

图 3-1　科学假设产生的溯因模型

注:图中"→"表示问题情境和经验现象间的对比。

其具体思维步骤如下:① 科学假设的产生过程从分析问题、探讨其中的因果关系开始;② 推理者在已有的知识结构中寻找与当前问题情境相似的经验现象;③ 探讨各种相似经验现象的因果解释;④ 把各种经验现象与当前的问题情境进行比较;⑤ 借用经验现象的因果解释提出假设;⑥ 选择合理的科学假设。结合大脑形成科学假设的逻辑阶段,我们可以发现,① 是大脑形成假设的搜索阶段,② ~ ⑤ 是科学假设的形成阶段,⑥ 是大脑选择合适的科学假设阶段。

由此可见,假设产生的溯因推理程序看似简单,其实包含复杂的思维过程,如探索、比较、综合、选择等思维操作。由于人类任何新知识都是在原有知识基础上的创造,我们就不能把上述环节狭窄地理解为类比推理过程,如寻找相似经验这个环节除类比推理外,还包括利用已有知识创造性想象出与问题情境相似的结构模型,如凯库勒的苯分子结构的发现。其中,非理性思维的灵感、直觉等也发挥重要的作用。

(二) 科学假设提出的创造性成分

科学假设的提出既有显性思维操作,也有创造性思维成分。法国生物学家、诺贝尔奖获得者莫诺说:没有逻辑就没有创造。创造源于猜想,没有猜想就没有创造,把猜想用科学术语表示出来就是科学假设。创造性思维必须通过逻辑与非逻辑的形式具体表现出来,尤其是通过诱导创造性思维的精华部分——灵感、想象与直觉发挥作用而曲折地体现出来。创造性的科学假设的形成是人脑对各种既存知识的重新组合而产生的,并非既存知识的再生[①]。二元联想是创造性思维的知识重组的重要机制,所谓二元联想是把两个或多个原来无关的思想、经

---

① 袁维新. 科学发现过程与本质的多元解读[J]. 科学学研究,2008,26(2):249 – 254.

验或知识连成相关,然后融合成一种设想,这常需要灵感和直觉的帮助。凯库勒发现苯分子结构、卢瑟福提出原子结构模型都是二元联想的结果。以凯库勒发现苯分子结构为例,为了发现苯分子的结构,凯库勒思考苯这个问题达 12 年之久。他上大学时学过建筑,建筑艺术中空间结构美的熏陶也给他对苯分子结构的研究产生了影响。凯库勒还当过法院陪审员,在一次刑事案件中对物证蛇形手镯记忆犹新。可见,凯库勒多年积淀下来的所有"潜知",最终统统被调动出来,才形成梦中环形的蛇,与苯的结构联系起来,达到直觉和顿悟式的突破①。

直觉和灵感是否可以进行逻辑分析?正如于祺明教授所言:问题在于如何看待逻辑和推理,如果将逻辑理解为思维的规律性,而不是按照传统的观念,只狭隘地理解为思维的形式结构及其规则程序;如果将推理理解为由一个或几个已知判断(前提)推出未知判断(结论)的思维形式,而不是按照传统的观念,必须用语句表达、必须要求有形式的规则从而保证前提为真结论就一定为真的话,人们的视野将豁然开阔②。如此看来,灵感是可以进行逻辑分析的,它是思维者长期积累的结果,同时又是在前人实践基础上产生的③。

综上可知,科学假设的提出是可以进行逻辑分析的,不但其思维过程是有逻辑的,而且其中蕴含的创造性成分也是有逻辑的。

第三节　科学假设能力的结构模型

一、科学假设与科学证据、支持的科学依据的关系

科学假设是在事实和已有科学知识的土壤中生长的,它不但要有一定的证据,即经验事实和实验事实,而且要以一定的科学知识作为依据,经过一系列科学论证才能提出来。面对同一异常自然现象,科学家可以根据自己的心理模型

---

① 刘大春.科学哲学[M].北京:中国人民大学出版社,2006:206.
② 于祺明.对科学发现推理的再认识[J].自然辩证法研究,2002,18(10):18-22.
③ 贺善侃.论灵感思维的逻辑规律和机制[J].杭州师范大学学报(社会科学版),2009(6):34-38.

提出多种不同的假设,这些假设都有各自的理论依据和证据,这些理论依据和证据合理性如何,必须进行科学论证。科学论证的目的是判断科学假设的推论(预测)与问题情境提供的证据是否一致。对学生来说,评价科学假设还要看其理论依据是否符合当前科学共同体认同的科学理论或知识,同时逻辑推理是否严密。因此,科学假设与科学证据及支持科学假设的理论依据关系密切。

(一)科学假设中的科学证据

科学证据是指能够在检验科学假设中起到证明科学假设的真实性情况的实验结果或观察结论等。科学假设都是由语句构成,而语句只能用另外一些语句来检验。观察与实验只是体验或行为,所以,应把观察与实验的结果用语言记录下来,形成语句的陈述,才能用来检验经验假设和理论。因此,科学证据又指所有被用于检验假说的观察与实验结果的陈述[①]。所以以观察、实验结果的陈述作为证据时,并不是对观察现象的简单记录或复述,而是对观察现象的一种解释,也就是说,证据作为经验陈述负载着理论和解释[②]。比如,燃素学说认为物质能够燃烧是由于存在燃素,这可以看成一个科学假设,证据为"木炭燃烧后的灰烬比原来的质量轻很多,并且灰烬不容易再燃烧"。这个证据是人们的日常生活经验,燃素学说能够对其做出合理的解释,因为木炭中包含燃素,而灰烬中不包含燃素。反过来,日常生活经验又可以作为证据支持燃素学说。

科学证据必须与科学假设相关,否则就不能作为科学假设的证据。因此,相关性是判断科学证据的首要因素,也是确证科学假设的前提。相关性是一个相对的概念,任何观察陈述只有当能确证或否证某科学假设时,它才与科学假设相关。相关又分为正相关和负相关,当证据提高了科学假设成立的概率,称之为正相关;反之,当证据降低了科学假设成立的概率,称之为负相关。但并非科学证据提高了假设成立的概率,就说明这个证据是假设的证据,或者说这个科学假设就是合理的,因为正相关既非科学假设成立的必要条件,也非充分条件。我们知道,很多证据都和燃素学说正相关,但并不能证明燃素学说是合理的,也并不能说明这些证据就是燃素学说的证据。如卡文迪许发现金属与酸反应,生成氢气,这种气体能够燃烧,因此,卡文迪许认为实验所得的气体就是燃素。显然,这个

① 方轻. 论科学证据[D]. 厦门:厦门大学,2007:2.
② 高嵩,洪正平,王其超. 科学研究中的科学解释[J]. 山东师范大学学报(人文社会科学版),2009,54(6):131 – 134.

证据并不能解释为何燃素有负质量。又如,我们不能看到很多乌鸦是黑色的,就认为所有乌鸦都是黑色的。因此,要判断科学假设是否合理,除了证据外,还必须考虑科学假设的背景理论或逻辑推理。

科学证据又分为先决证据和推测证据。先决证据是指在科学假设提出前就已知的现象,并且这些现象能够被科学假设成功解释,同时作为科学假设的证据。科学家并不会等所有的证据都收集完整后才提出科学假设,而是根据部分先决证据提出假设,然后再完善,这就需要用到推测证据。所谓推测证据是指已建构的假设中推导或预测出的新现象作为科学证据。因此,推测证据是假设的逻辑有效推论,其越圆满越合理,说明科学假设越能得到支持。

根据证据对科学假设产生效用的方向不同,可以把科学证据分为确证证据与否证证据。当观察和实验所获得的结果支持这个假设的基本理论观点,这个假设就获得了某种确证,这种证据就称为确证证据。确证是指确切地有效支持与辩护,并非指完全证实这个假设。借用概率来理解,确证证据是指能够使科学假设为真的概率得以增加或达到一个相对高值的证据。如果观察和实验所获得的经验事实与假设的基本理论观念或其推论不一致,这种证据就是否证证据,简言之,就是对假设的科学性起到证伪和否证作用的证据。当一个科学假设遇到否证证据时,并不意味着这个假设就不合理,科学家可以通过揭露经验事实的错误或调整假设的辅助理论等方法来消除反常。

根据证据的来源,即是否是持有者直接经验获得的标准,可以把科学证据分为直接经验证据与间接告知证据[①]。直接经验证据是指学生直接观察到或通过实验而得到的结果,这也意味着直接经验证据获得有时并不容易,需要设计一些精巧的实验来获得。由于人们的观察总是在理论的指导下完成,因而已有的现象在某假设的解释下,也可以作为直接经验证据。间接告知证据是指不是通过亲自观察和实验,而是经由他人的实践报告或具体陈述获得的证据。这意味着间接告知证据应得到科学共同体的承认,是同行科学家以前的研究成果。

总之,从不同角度来看,科学假设的提出既需要先决证据,又需要推测证据;既需要确证证据,又需要否证证据;既需要直接经验证据,又需要间接告知证据。

---

① 方轻.论科学证据[D].厦门:厦门大学,2007:95.

科学家只有充分利用科学假设的各种证据且证据越多样,假设才越合理和科学。

(二) 科学假设的依据

任何科学假设的提出都有一定的依据,因为研究者在提出科学假设时就有自己的观念或事实依据,凭空提出的假设不能称为"科学假设"。科学假设的依据可以分为科学理论知识依据、科学事实知识依据和科学推理依据。

科学理论知识依据是指提出的科学假设有科学背景理论的支持。一般来说,大多数科学假设都有理论支持。众所周知,氧气的最早发现者是普利斯特列。1774年,英国化学家普利斯特列将氧化汞放在集气装置中加热,收集到一种气体,发现这种气体能使木条燃烧得更旺,因此,他把这种气体命名为脱了燃素的空气。普利斯特列没有提出氧化学说的主要原因是过于相信燃素学说,虽然他最早发现氧气,但由于支持理论是错误的,所以导致对氧气的认识也是错误的。因此,科学假设的理论知识依据错了,则假设的科学性就无从谈起。

科学事实知识是指被实验已经证实的经验性知识。科学事实知识依据是指提出的科学假设必须符合这些事实性知识。如某儿童看见夜里的月亮不见了,他提出是"天狗把月亮给吃了"的假设,显然这个假设就不符合科学事实知识依据。不符合科学事实知识的假设是无根据的,也是不合理的。

当然,科学家在提出科学假设时,有时并没有什么理论依据,只能靠推理来支持。比如,拉瓦锡提出氧化学说假设时,大家都信仰燃素学说,氧化学说没有理论依据,只能靠推理来建立。由于燃素学说不能解释燃素有无质量的问题,还不能解释化学反应前后质量不变的事实,在排除各种例外情况后,拉瓦锡通过严密的逻辑推理提出了氧化学说。又如,"为何铝在稀盐酸中反应速度比相同氢离子浓度的稀硫酸中反应快",这个问题对于中学生来说根本就没有理论知识和事实性知识来支持提出假设,因为学生没有学过相关知识,但学生可以通过推理来提出假设。既然氢离子浓度相同,铝片又相同,不同的只有氯离子和硫酸根离子,据此,可以提出"氯离子促进反应"的假设。因此,科学推理是提出科学假设的重要依据。需要说明的是,科学推理不但能作为科学假设的依据,也是联系科学假设、证据和理论依据的桥梁,也就是说,科学推理就如一根线一样把这三者联系起来,使之成为相互融合自洽的整体。

二、科学假设与元认知

元认知概念最初是由美国心理学家弗拉维尔(Flavell,1976)提出[1],后来经其他学者发展,现普遍将元认知定义为,个人在对自身认知过程意识的基础上,对其认知过程进行自我觉察、自我反省、自我评价与自我调节。简言之,它就是对认知的认知。元认知概念包括三方面的内容:一是元认知知识,是指人们对于什么因素影响人的认知活动的过程与结果的知识,即个体关于自己或他人的认知活动、过程、结果及与之有关的知识;二是元认知体验,即伴随着认知活动而产生的认知体验或情感体验;三是元认知监控,即主体在进行认知活动的全过程中,根据元认知知识、体验对认知活动进行积极的、及时的、自觉的监控、调节,以期达到预定目标的过程,它是元认知的核心[2]。科学假设的提出始终离不开推理者对自己的认知及监控,可以说,元认知与科学假设的形成密切相关。

首先,元认知知识决定了推理者提取相关知识形成科学假设的能力。从科学假设形成的思维过程可知,推理者应了解自己哪些已有的知识和经验与问题密切相关,要对问题提出合理的假设,还应知道什么。推理者的科学假设活动始终在了解自己的知识、思维中展开。研究表明,有些推理者虽然有相关问题的知识,但不能提出合理的假设,因为推理者不能提取相关知识。为何造成这种情况? 根据元认知理论,有以下三个方面原因:其一是推理者缺乏认知对象的知识,不了解需要认知的问题的性质、结构及有关信息的特点,即不善于分析问题;其二是推理者对自己的知识缺乏认知,不了解自己的思维特点、能力和知识;其三是认知策略的知识缺乏,推理者不了解要提出合理的科学假设应采用什么样的思维操作。总之,推理者的元认知知识是决定其科学假设能力强弱的重要前提。

其次,元认知体验有助于加强推理者对科学假设思维知识的了解。由于能力必须在实际活动中体现,如果没有经历科学假设思维的操作训练,推理者就不会具备科学假设能力。推理者在科学假设过程中,往往会遇到思维障碍,在克服这些障碍的过程中,经历挫折、失败,直到成功,因而在心理上留下相应的元认知

[1]　Flavell J H. Metacognitive aspects of problem solving[M] // Resnick L B. The natur e of intelligence Hillsdale,NJ: Erlbaum,1976.
[2]　董奇. 论元认知[J]. 北京师范大学学报(社会科学版),1989(1):68 – 74.

体验。同时,这些体验对原有的元认知知识基础也在不断加强和完善,而新的元认知知识能升华推理者的科学假设思维操作和思维品质,从而不断地促进推理者增加对科学假设思维知识的认识。

最后,元认知监控有助于提高科学假设的质量,正确指引科学假设思维过程。在科学假设思维中,元认知监控的作用主要表现在推理者根据问题情境,始终有明确的目标和任务,能选择适当的策略提出科学假设,并能预估这些假设的有效性。在认知活动中应严格控制自己去执行计划,排除干扰,保证活动的顺利进行,当科学假设思维偏离正确的操作时,能够及时发现并纠正,使假设思维沿科学的方向前行。在科学假设提出时,推理者能根据科学假设质量标准对假设的合理性做出判断,正确估计自己达到的认知目标的程度和水平,思考和总结认知活动的经验和教训。

三、科学假设能力的含义、构成要素及结构模型

(一) 科学假设能力的含义

由科学假设产生的逻辑思维过程、科学假设与科学证据、科学假设提出的依据、科学假设与元认知等关系可知,要提出科学假设,推理者必须同时具备两个条件:一是具备丰富的经验性、陈述性知识;二是必须具有溯因推理能力,即能把科学证据、科学理论依据结合起来提出假设的能力。要选出合理的科学假设,推理者还应知道假设质量的判断标准并具有一定的科学论证能力。由此可见,科学假设能力是集科学事实知识、方法知识、证据利用能力、科学论证能力等因素为一体的一种综合能力。因此,我们把科学假设能力界定为,面对令人迷惑的自然现象,推理者充分运用已有的知识经验和科学证据,顺利提出符合质量标准假设的个性心理特征。它具有以下几个特点:

(1) 科学假设能力是一种特殊的能力,是一般假设能力和科学学科的有机结合。它又随假设思维的发展而发展,是一般假设能力的发展和科学教育的结晶。

(2) 科学假设能力有显性的逻辑操作机制,因此是可以培养的。科学假设能力体现在其活动的各个环节中,并在活动中得到发展。

（3）科学知识、已有经验是科学假设能力的前提,但缺乏溯因推理能力,不懂科学假设能力基本操作,科学假设能力也无从谈起。因此,科学假设能力是科学知识和溯因推理能力的有机结合。

（4）科学假设的提出过程也是科学思维不断地调整、监控、反思和评价的过程,它始终受到推理者元认知的支配。

（二）科学假设能力的构成要素

吉尔福特认为,智力结构是由操作、内容、产品所构成的三维度空间结构[①]。虽然该三维结构模型能较全面地反映智力的基本成分,但科学假设能力也有自身的特点,比如在假设过程中始终离不开思维的调整和监控及思维品质的作用。这些都是在智力基本要素基础上发展起来的高级思维能力要素。因此,我们认为,科学假设能力的构成要素主要有以下几点。

1.科学假设能力的内容

科学假设能力的内容是指提出和评价假设所依据的科学知识、经验等,是假设产生的前提条件和原始动力。缺乏对问题本质的理解、没有足够的知识储备及不能准确提取相应知识,人们很难提出合理的科学假设。因此,科学假设能力的内容包括对科学问题的理解、科学常识、规律、概念的掌握和运用、生活经验等因子,也就是说,科学假设能力的内容对应着科学假设的理论依据的利用能力。

2.科学假设能力的操作

科学假设的产生遵循一定的逻辑机制,也有具体的思维流程和方法。科学假设能力的内容、品质和监控等要素都要通过操作要素体现,因此,操作是科学假设能力的核心要素。要完成科学假设能力的操作,必须具备通过溯因推理提取相关知识的能力,还应具备合理利用证据的能力。此要素因子有 5 个,即分析问题本质,在问题中寻找科学证据;寻找与问题现象相似或能解释证据的经验知识;对比问题情境和各种经验现象;借用经验现象的科学解释提出假设;选择合理的假设。

3.科学假设能力的产品

产品是指科学假设能力的结果。其判断标准是科学假设的质量水平。波普

---

① 朱宝荣.现代心理学原理与应用[M].上海:上海人民出版社,2002:152.

尔、亨佩尔等从简单性、可以检验、强大的预见功能、经验和理论支持等方面来判断假设的质量[①]。也就是说,高质量的科学假设应证据充分,理论依据科学,即假设、证据和理论依据能互相协调,整体自洽。据此,产品要素包含的因子为基于经验、可以检验、预见性和简单性。

4.科学假设能力的品质

科学假设能力的品质是在假设过程中形成和发展的,它反映了科学假设能力产品的质量,是衡量个体科学假设能力发展水平的重要指标。其主要包括深刻性、灵活性、批判性、独创性和敏捷性5个因子。

5.科学假设能力的自我监控

科学假设能力的自我监控就是在提出、评价、选择假设的过程中自我监督和控制。其表现为,明确解决问题的方向,了解提出假设思维的过程;懂得假设产生常用的推理方法;能够排除外界的干扰,使思维集中到问题的假设上;能够不断地调整思维的方法和方向,及时发现经验现象和问题间的差异等。

(三) 科学假设能力的结构模型[②]

要建构科学假设能力的结构模型,应以科学哲学和中小学生假设思维发展理论、系统科学原理、知识和方法与能力关系理论为依据。综上所述,结合能力必须在具体的活动中得以体现的要求,我们认为,科学假设能力是以操作为核心要素,内容、品质、自我监控、产品为主要要素的有机整体。科学假设能力结构如图3-2所示。从图3-2可以看出,科学假设能力的内容、品质、自我监控、产品4个要素分别位于4个顶角,操作位于中心,这5个要素是相互联系、相互作用的。

科学假设能力的结构模型有以下三个特点:

第一,整体性。科学假设能力是一个多要素、多侧面、多联系的有机整体。其中,内容、操作和产品是科学假设能力的基本要素,操作又是基本要素的核心。品质和自我监控是在科学假设能力基本要素基础上发展的。科学假设能力的内容、操作和产品这3个基本要素是科学假设能力的品质和自我监控发展的前提和基础,同时,科学假设能力的品质和自我监控又使提出的假设更具科学性、多

---

① 卡尔·波普尔.猜想与反驳:科学知识增长[M].傅季重,纪树立,周昌忠,等译.上海:上海译文出版社,2005.
② 许应华,徐学福.论科学假设能力的结构与培养[J].课程·教材·教法,2012,32(4):86-91.

样化、合理化。

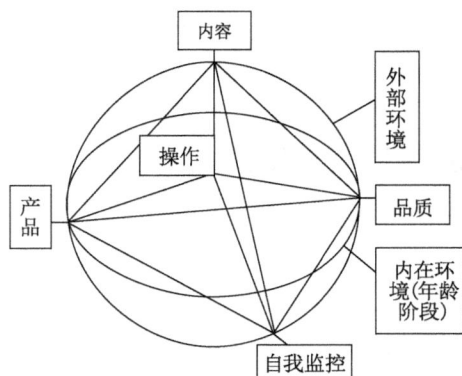

图 3-2　科学假设能力的结构模型

第二，层次性和动态性。由于学生的科学假设能力与年龄相关。皮亚杰认为，儿童要到形式运算期(11 周岁以上)才能形成对科学现象的假设检验能力，而劳森(Lawson)认为，形式运算期的儿童只能依据可感知的因果关系提出假设，要根据不可感知的理论成分创造出科学假设，必须到后形式运算期(18 周岁以后)。因此，科学假设能力有一定的层次性。它又是动态的，将随着学生年龄、科学知识和经验、推理能力的增长而得到发展。同时，外在环境，如鼓励创新的宽松教育环境有利于科学假设能力的发展。所以，它是层次性和动态性的统一体。

第三，自调性。该结构模型内 5 个要素构成了科学假设能力的内核，年龄阶段是科学假设能力的内在环境。在内、外环境的共同作用下，这 5 个要素为达到平衡，能产生依靠其内部规律而进行的自我调节。

第四章　学生科学假设形成的影响因素

前面的研究表明,科学假设能力是溯因推理能力和已有陈述性知识共同作用的结果。劳森把学生的科学假设能力分为三个年龄阶段:小于 11 周岁的;11~18 周岁的;18 周岁以后的。不同年龄阶段的学生科学假设能力有不同的特点。本章以劳森对学生年龄阶段的分类为依据,系统研究陈述性知识和溯因推理对不同年龄阶段的学生科学假设能力的影响。按照皮亚杰的研究结果,儿童要进行科学假设检验思维必须要达到形式运算期,大约为 11 周岁。本书调查的对象是超过 11 周岁的学生,也就是说他们都具备假设检验思维能力。本章的研究总体假设:11 周岁以上学生的科学假设能力与年龄阶段有很大关系,具备相同陈述性知识的不同年龄阶段的学生的科学假设能力有一定差异。

第一节　陈述性知识和溯因推理对小学生科学假设形成的影响

一、问题的提出

从科学假设能力结构可知,学生的科学假设能力受到陈述性知识和溯因推理能力两者的影响。溯因推理能力与学生所处的年龄阶段有关。本书选择我国小学六年级学生作为研究对象,他们的平均年龄为 12.1 周岁,相关的陈述性知识用探究教学(做中学)进行传授,以探讨陈述性知识与溯因推理能力对学生科学假设能力的影响。

二、研究设计

（一）研究工具

单摆运动历来是教育学和心理学研究者用于测试学生科学逻辑推理的重要工具。皮亚杰认为，单摆运动涉及变量的控制和操纵，用单摆可以判断学生的思维发展阶段。单摆运动也是小学科学（教科版）五年级的内容。因此，本书选择单摆作为研究工具，且该研究工具被证明具有良好的效度和信度。研究数据用SPSS17.0软件进行处理。

（二）研究方法

本书采用问卷调查法和访谈法。问卷具体内容见附录1。研究对象选择某小学六年级49名学生。问卷的测试分为两个部分：第一部分是假设提出阶段测试。这部分通过设计2个单摆，以不同的速度摆动，摆动的角度和周期也不相同，要求学生提出影响单摆运动速度的假设。具体内容：小明和小华各有一个单摆，在使用过程中他们发现小华的单摆比小明的摆得快些，他们决定测量两个单摆的速度，他们用相同的方法测量了多次，表4-1中是他们测得的结果。

表4-1　小明和小华的单摆的测量速度

单摆	周期（10个来回）/秒
小明的	30
小华的	25

为什么小华的单摆比小明的摆得快些？请你猜一猜是什么影响了两个单摆的摆动速度？

第二部分是陈述性知识测试部分。陈述性知识测试用单项选择题施测。要求学生在三个变量中选择影响单摆摆动周期的变量，仅能选择一个答案。具体内容：在这个实验中，小球从 A 到 B 再到达 C 再回到 A，来回摆动（图4-1）。这样一个完整的过程所花的时间称为单摆的周期，什么原因会导致单摆的周期增长或缩短？

A. 角度　　B. 长度　　C. 小球质量　　D. 不知道

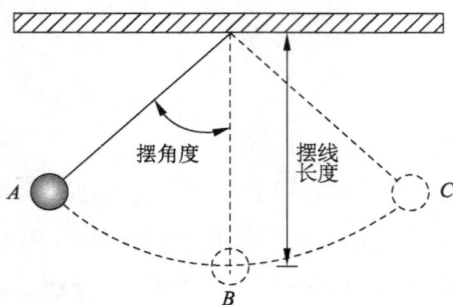

图 4-1　单摆模型

访谈分为正式访谈和非正式访谈。访谈法可以获得较好的第一手资料,易于扩展资料层面和加深资料分析的深度①。另外,访谈法也具有即时性的优点,可以在访谈中对访谈者的回答进行深入追问和验证,当场捕捉即时的信息。所以在问卷调查结束后立即对参与问卷调查的学生进行正式访谈,可以了解学生的答题心理,弥补统计中人为的失误,提高调查的信度。

三、研究假设和步骤

本章制定了两个研究假设,即原有陈述性知识假设和溯因推理假设。原有陈述性知识假设认为,具备相应的陈述性知识是唯一影响学生科学假设提出的因素。溯因推理假设认为有两个因素影响假设的提出,其一是学生的原有知识,其二是学生的溯因推理能力。

测试程序分两次进行,都采用实名制。第一次,我们运用单摆运动对学生的科学假设能力进行测试,统计能提出各种假设的人数,再进行原有知识测试。根据原有知识假设,可以把学生的原有知识分为摆锤重量组、摆长组、摆角组三组。我们预测所有具有单摆的摆角、摆长和摆锤的质量影响摆动周期这些原有知识的被试,都能够运用这些原有知识提出相应的科学假设。根据溯因推理假设,这些学生将不能依据原有知识提出摆锤质量、摆长和摆角的假设。例如,某生在陈

①　陈向明. 教师如何做质的研究［M］. 北京:教育科学出版社,2001:101.

述性知识测试时认为是摆长影响了单摆的周期,他提出的科学假设却不是摆长影响摆动速度。

第二次,用探究教学给这些学生教授单摆知识(具体教学过程见附录2)。有关大脑信息保持方面的研究表明,新获得的信息或技巧在18～24小时内就发生最大量丢失,所以,24小时是确定新信息是否被转移到长时记忆中的合理期限①。据此,3天后,对学生进行单摆陈述性知识测试。1个月后,再对这些学生进行提出影响单摆运动速度因素的假设测试。

根据原有陈述性知识的假设,可以预测,学生具备摆长的原有陈述性知识储备就一定能提出摆长影响单摆运动速度的假设。根据溯因推理假设,我们可预测学生即使具备摆长影响单摆摆动周期的知识,但在单摆任务中还是不能提出摆长影响单摆摆动周期的假设,这是因为他们的溯因推理能力不足。

四、研究结果与分析

(一)第一次测试的数据分析

1. 学生科学假设的类型

在第一次测试中,学生提出了各种假设,将其分为三类。第一类假设涉及单摆的内部因素,即与单摆的摆角相关、与摆线长度相关、与单摆的摆球质量相关。第二类假设涉及外部因素的影响,比如外力、推力、技巧、风力、阻力等因素。第三类不能称为"假设",如小华的单摆比小明的快。具体数据见表4-2。

表4-2　在第一次测试中学生假设的类型

学生假设的类型	人数/人
第一类	33(67.3%)
(一)摆角	10(20.4%)
1. 小明的摆锤提得更高	4
2. 小明的摆锤运动距离更远	3

① David A. Sousa. 脑与学习[M]. 董奇,译. 北京:中国轻工业出版社,2005;43.

学生假设的类型	人数/人
3. 小华的摆锤更低	3
（二）摆长	5（10.2%）
4. 两种单摆的摆线长度不同	1
5. 小明的摆线比小华的摆线长	2
6. 小华的摆线长度短于小明的	2
（三）摆锤质量	18（36.7%）
7. 两个单摆的摆锤质量不同	3
8. 小华的摆锤的质量比小明的轻	7
9. 小华的摆锤比小明的重	4
10. 小明的摆锤比小华的轻	4
第二类	13（26.5%）
11. 小华的技术比小明高	2
12. 小华摆动单摆的时间比小明早	4
13. 小华摆动得更好	1
14. 小明的单摆受风作用的阻碍	3
15. 小明的单摆更旧	1
16. 小明的单摆出了一些差错	2
第三类	3（6.1%）
17. 小华的单摆摆动速度比小明快	2
18. 不知道	1

从表 4-2 可知，提出第一类假设的学生人数最多，为 33 人，占总数的 67.3%，说明大多数学生具备一定的观察能力，能够从单摆的构成来提出假设，具备对变量认识的能力。但也有很多学生从外部影响因素提出假设，这类学生人数为 13 人，占总数的 26.5%，还有部分学生根本不会提出最简单的猜想，这类学生仅为 3 人，占 6.1%。在提出第一类假设的学生中，提出摆长假设的仅为 5 人，占总数的 10.2%；摆角假设的为 10 人，占 20.4%；摆锤质量假设的为 18 人，占 36.7%。这些被试都在小学五年级学过单摆的知识，但已经过了一年

时间,近90%的学生不能提出摆长影响单摆速度的科学假设。

2. 学生陈述性知识测试数据分析

学生陈述性知识第一次测试结果见表4-3。

表4-3　学生陈述性知识第一次测试结果

影响单摆摆动周期	学生人数/人	百分比/%
摆锤质量	21	42.9
摆长	12	24.5
摆角	14	28.6
不知道	2	4.0
总计	49	100

从表4-3可知,大多数学生认为是摆锤的质量影响了单摆的摆动周期,占学生总数的42.9%。经访谈得知,因为很多学生持"摆锤越重,下落得越快"的观点。选"摆长"和"摆角"的学生分别占24.5%和28.6%,选"摆角"的学生大多认为单摆的摆角越大,运动的距离越长,所以摆动周期长。选"不知道"的学生仅2人,占学生总数的4%。由此可知,虽然学生学过单摆知识,但绝大多数学生已经完全遗忘。

3. 学生陈述性知识与科学假设的关系

学生陈述性知识与提出假设类型的关系见表4-4。

表4-4　第一次测试学生陈述性知识与提出假设类型的关系

科学假设	原有陈述性知识				
	摆角	摆长	摆锤质量	不知道	合计
摆角	4(28.6%)	3(25%)	3(14.3%)		10(20.4%)
摆长	1(7.1%)	4(33.3%)	0(0)		5(10.2%)
摆锤质量	5(35.6%)	3(25%)	10(47.6%)		18(36.7%)
其他	4(28.6%)	2(16.7%)	8(38.1%)	2(100%)	16(32.7%)
合计	14(100%)	12(100%)	21(100%)	2(100%)	49(100%)

从表4-4可知,在陈述性知识测试中选择"摆角"的14位学生中仅有4人提出摆角影响单摆运动速度的假设,10人提出其他类型假设。选择"摆长"影响单

摆摆动周期的学生中仅有 4 人提出摆长影响单摆摆动速度的假设,8 人提出其他类型的假设。选择"摆锤质量"的也有类似的现象。这说明学生并没有提出与他们陈述性知识一致的科学假设。对选择"摆角"组和"摆长"组的学生提出相应的假设的人数和本书的陈述性知识假设相比较,用 SPSS17.0 进行显著性检验,结果发现存在极其显著性差异($P = 0.000 < 0.01$)。这个结果与我们的陈述性知识的假设相悖,证明了学生拥有相应的陈述性知识,并不能提出与这些知识相对应的科学假设。

(二)第二次测试的数据分析

在测试之前,研究者对被试进行"单摆的探究教学"(见附录2)。在教学中,教师先让学生提出影响单摆摆动周期或速度的猜想,然后把学生分为 10 组,每组约 5 人,学生自己动手制作单摆,设计实验验证自己小组的猜想,并完成实验数据处理,教师在巡视中对错误的实验设计给予纠正,对学生实验数据处理给予指导。实验后,教师请各小组汇报实验结果,最后,师生共同得出影响单摆摆动周期的因素。整个教学用了 1 课时。3 天后对学生进行影响单摆摆动周期的陈述性知识测试,结果见表4-5。

表4-5　学生陈述性知识第二次测试

影响单摆摆动周期	摆锤质量	摆长	摆角	不知道	总计
学生人数	4	42	2	1	49
百分比	8.2%	85.7%	4.1%	2.0%	100%

从表4-5可知,经过对单摆知识的探究教学,42 人(85.7%)已经能够正确选择摆长是影响单摆运动周期的因素,但还有 7 人(14.3%)仍不能选择正确答案。一个月后,对经过探究教学的 49 名学生进行单摆运动的假设测试,结果见表4-6。

表4-6　第二次测试学生原有陈述性知识与提出假设的关系

| 科学假设 | 原有陈述性知识 | | |
	摆长	其他	合计
摆长	30(71.4%)	1(14.3%)	31(63.3%)
其他	12(28.6%)	6(85.7%)	18(36.7%)
合计	42(100%)	7(100%)	49(100%)

根据表 4-5,在陈述性知识测试中仅 7 人(14.3%)选择其他答案,42 人(85.7%)选择摆长影响单摆周期。从表 4-6 可知,在提出假设测试中,选其他答案的 7 人中有 1 人认为是长度影响单摆摆动速度。在陈述性知识测试中选摆长的 42 人,在假设测试中只有 30 人(71.4%)提出摆长影响单摆速度的假设,12 人(28.6%)提出其他假设。根据陈述性知识假设,所有获得必要的陈述性知识的学生都能成功地提出合理的假设,即 42 名学生都能提出摆长影响摆动速度的假设。将陈述性知识假设和研究得到的数据进行比较,经非参数独立样本卡方检验,发现有极其显著性差异($P = 0.000 < 0.001$),这个结果拒绝陈述性知识假设,接受溯因推理假设。也就是说,学生虽然具备单摆的陈述性知识,但部分学生不能正确提出摆长影响单摆摆动速度的假设,这说明陈述性知识的假设是不正确的,学生要提出合理的假设还需要溯因推理能力。不过,也不能说陈述性知识的储备不重要,表 4-6 的数据表明,42 人具备单摆陈述性知识的学生中有 30 人能提出相关假设,说明陈述性知识是学生提出假设的必要条件。

为何具备单摆陈述性知识的 42 位学生中有 12 人不能提出摆长的假设呢?访谈得知,学生认为教学中设置的单摆情境与问卷测试中的单摆不相同。教学中探讨的是摆动周期为何不同,实验用的是同样的摆架,而问卷测试是两种单摆摆动速度为何不同,用的是不同的单摆。因此,小学生仅在非常相似的问题情境下才能产生知识迁移。

五、进一步讨论

此次研究的结果启发我们思考以下 3 个问题:① 小学五年级的学生能否理解单摆原理? ② 科学假设的提出需要什么条件? ③ 如何培养小学生的科学假设能力?

首先讨论第一个问题。"单摆运动"一直是中小学科学课程的重要内容,教师讲公开课、比赛等都会选择这节课作为教学内容。因为"单摆运动"的教学能更好地体现对学生科学方法和科学能力的培养,实验操作也比较简单,比如可以明显对学生进行变量控制、数据处理、猜想等科学方法的教育和观察能力、实验能力的培养等。虽然单摆是培养学生科学素养的重要内容,但单摆的教学并不适合所有年龄的学生。从此次研究可知,学生在五年级就已经学习过单摆的知识,但很少有学生能正确回忆这些知识,这是因为学生并未真正理解影响单摆摆动周期的原理。事实上,单摆摆动周期知识的理解涉及重力加速度、简谐振动原理等。从学生的猜想和陈述性知识测试来看,大多数学生认为摆锤质量决定单摆的运动速度和周期。经访谈得知,因为学生持"重的物体下落比轻的物体快"的模糊观点。还有部分学生认为是摆角和摆长的影响,这些学生持摆动距离影响摆动速度和周期的观点。因此,在学生没有理解重力、理想模型等物理原理和思想的情况下,是不能理解单摆运动的。

经过"单摆运动"的探究教学,为何3天后71.4%的学生能够在陈述性知识测试中选择"摆长"的正确答案,而一年之后,很少一部分学生(仅24.5%)能够正确回答这个问题。因为单摆的内容经过教学后,这些知识就成为学生的表层知识,表层知识虽然能纳入学生的长时记忆,但也仅为机械性的记忆,也就是通过不断重复,花费比较多的时间后一些信息才能储存在儿童的长时记忆里[1]。由于儿童所记住的单摆知识和认知结构中的其他知识没有关联,因而存在于一个个单独的命题当中。认知心理学研究表明,如果信息与其他已经存在的且有意义的记忆联系起来,那么它便成为长时记忆的一部分[2]。可以说,长时记忆中的信息是按照一种有序的方式组织的。单摆的知识很难与学生已有知识产生有意义的联系,因为学生没有这方面的物理知识基础,因此,在小学五年级教"单摆运动"的知识,学生很难理解。笔者认为,教材的目的不是让学生理解单摆知识,而是从"单摆"的教学中让学生学习控制变量的方法,初步认识科学假设可检验的特征。

接下来讨论第二个问题。认知心理学家把知识分为陈述性知识和程序性知识,知识产生和创造的过程是陈述性知识和程序性知识互相作用的结果[3]。科学假设的提出也是两类知识共同作用的产物。前面的研究表明,溯因推理是科学假设产生的唯一逻辑形式,这种推理模式是推理者面对异常现象,利用自己已有的知识选择或创造性地提出问题解释的一种推理方式。因此,溯因推理既要

---

① 戴尔·H.申克.学习理论:教育的视角[M].韦小满,等译.南京:江苏教育出版社,2003:139.
② 罗伯特·索尔所,奥托·麦克林,金伯利·麦克林.认知心理学[M].邵志芳,李林,徐媛,等译.上海:上海人民出版社,2008:165.
③ Solso R L. MacLin M K,MacLin O H. Cognitive Psychology. 6th ed[C]. Allyn & Bacon, Newton, MA, 2001.

应用已有的陈述性知识,也要运用溯因推理技能(程序性知识)。这要求推理者能够有效提取长时记忆中的信息到工作记忆中来进行加工(这种加工又是充满创造性的过程),然后提出假设。但是如果长时记忆中没有相关信息或者相关信息模糊,那么就不能有效提取信息,推理者就很难通过溯因推理提出合理假设。溯因推理的核心技能是有效提取并加工信息,这要求推理者具备较高的能力。根据影响信息提取的因素,如果缺乏适宜的线索,或者问题情境与学生所经历过的情境相差较大,则提取信息就比较困难。因此,一些学生仅记住了单摆在何种情况下摆动速度较快的知识,但如果转变问题情境,学生就很难提取相关信息,这说明学生的溯因推理能力弱。因此,溯因推理能力是决定学生科学假设能力的关键因素。

　　最后讨论第三个问题。本章的研究并非表明小学生不能提出假设,或者不能培养他们的假设能力。根据上述分析,要让学生提出假设,首先选择的课程内容或问题应与学生已有知识密切关联,是学生利用已有知识能解决的。单摆问题就超过了学生的知识基础,学生的知识结构中没有相关知识,是不能提出相应假设的。其次,科学假设的教学应循序渐进,假设形成的教学内容与学生经历的情境的相似度应从一致到逐步有差异,最后到"反例"情境。从上述分析可知,学生不能提出影响单摆因素的假设,是因为单摆知识的教学情境与要求学生提出假设的问题情境不一致。前面研究表明,学生提出假设是借用相似的经验,对小学生而言,由于他们的溯因推理能力较弱,难以辨别问题情境和教学情境的差异,所以不能提出假设。因此,要培养学生的假设能力,在学生溯因推理能力较弱时,教师创设的情境应与学生经历的情境基本一致,随着学生溯因推理能力的增强,教师慢慢降低问题情境的相似度,也就是说,学生假设能力的培养是由扶到放的过程。

六、结论

　　综合上述数据和分析结果,我们可以得出以下一些结论:
　　(1)针对单摆运动,小学六年级的学生即使具备相应的陈述性知识,也很难提出合理的假设,因为他们的溯因推理能力较弱。

（2）由于缺乏相应的知识基础,小学六年级的学生不能理解单摆运动知识。

（3）科学假设形成是溯因推理能力和陈述性知识共同作用的产物。

第二节 陈述性知识和溯因推理能力对
不同年龄阶段学生假设形成的影响

一、问题的提出

对小学六年级学生(平均年龄 12.1 周岁)的研究可以发现,学生虽然具备相关陈述性知识,但并不能提出相应的假设,因为学生不具备相应的溯因推理能力。如果选择 16～18 周岁和 18 周岁以上的两组学生,这些学生都具备相应的陈述性知识,他们提出科学假设的能力是否有区别呢?本节试图解决这个问题。本节假设:16 周岁以上的学生只要具备陈述性知识,都能提出各种假设,且不同年龄阶段无显著性差异。

二、研究方法和工具

（一）研究方法

本节采用问卷调查和访谈法。问卷调查分为 2 个步骤(具体内容见附录 3),调查对象为高一和大二化学专业的学生。其中,高一学生为 68 人,平均年龄为 16.2 周岁;大二化学专业学生为 94 人,平均年龄为 20.3 周岁。第一步是调查学生的科学假设能力,第二步进行陈述性知识测试。调查完后随即进行访谈。

（二）研究工具

本节采用以下试题来测试学生科学假设能力与陈述性知识、溯因推理能力的关系。具体内容如下:

在蜡烛的底部用黏土将其竖直固定在盛有水的水槽中,然后点燃蜡烛,再用一个倒扣的玻璃杯罩住,压入水中。蜡烛熄灭后,为何杯子里的水面上升? 实验过程如图 4-2 所示。请你尽可能地提出假设,并说明每个假设的根据。

图 4-2　将空烧杯罩在燃烧的蜡烛上,导致水面上升的现象

相关陈述性知识测试题:

(1) 将点燃的蜡烛放在盛满氧气的集气瓶中,蜡烛将(　　)。

A. 燃烧更旺　　　　B. 熄灭　　　　C. 现象不变

(2) 蜡烛在空气中燃烧消耗氧气的体积与生成二氧化碳的体积(　　)。

A. 相同　　　　　　B. 不同

(3) 当燃烧消耗密闭容器中空气中的氧气时,容器中压强将变(　　)。

A. 大　　　　　　　B. 小

(4) 将盛有二氧化碳的试管倒扣入盛有水的烧杯,试管里的水面将
(　　)。

A. 上升　　　　　　B. 下降

(5) 将一试管加热后,倒扣入盛有水的烧杯中,冷却后,试管里面的水将
(　　)。

A. 上升　　　　　　B. 下降

(三) 问卷信度

本次问卷信度测试用了再测法,时间间隔为 20 天,再次对高一部分学生进行测试,选取有效问卷为 60 份。为了便于统计,信度的计算根据学生提出科学假设的类型赋以一定的分值,假设 1 计 1 分,假设 2 和 3 各计 2 分,同时提出 2 个假设的计 3 分,提出 3 个假设的计 5 分。用 SPSS17.0 软件进行统计分析,测量的信度系数值为 0.79,说明问卷信度较好。

三、研究结果分析与讨论

(一) 高一与大二化学专业学生陈述性知识掌握情况的比较

表 4-7 为高一与大二学生陈述性知识储备的比较结果。从该表可知,高一

和大二化学专业大多学生都能熟练掌握陈述性知识。因为陈述性知识测试题考查的内容涉及氧气的助燃性、蜡烛燃烧消耗 1 体积的氧气生成 1 体积的二氧化碳，二氧化碳易溶解于水等。其中有些知识点在小学及初中都已经掌握。高一学生比大二学生在陈述性知识掌握上略差，但经两个独立样本卡方检验，5 个试题都无显著性差异。这说明大多数学生都具备提出问卷试题相关假设的陈述性知识。

表 4-7　高一与大二学生陈述性知识储备的比较

试题序号	学生类型 人数（百分数）			P 值
	高一（68 人）	大二（94 人）	均值	
（1）	68（100%）	94（100%）	100%	1.000
（2）	65（95.2%）	92（98.4%）	96.9%	0.896
（3）	67（98.8%）	94（100%）	99.4%	0.885
（4）	61（89.5%）	89（95.1%）	92.6%	0.234
（5）	57（84.2%）	85（90.4%）	87.7%	0.318

注：$P<0.05$ 表示差异较显著，$P<0.01$ 表示差异极其显著。以下各表相同。

（二）学生陈述性知识与科学假设能力的关系

根据试题，大致可以有以下几种假设：

假设 1：蜡烛燃烧消耗空气中的氧气，导致压强减小，引起杯中水面上升。这个假设涉及不可观察的氧气、气体压强，涉及可观察的蜡烛燃烧和水面上升现象，此假设对应陈述性知识测试题（1）和（3）。

假设 2：蜡烛燃烧，消耗氧气而生成（同体积）二氧化碳，二氧化碳易溶于水，导致压强减小，引起杯中水面上升。这个假设主要涉及不可观察的现象，如氧气转换为二氧化碳，二氧化碳溶解于水。此假设对应陈述性知识测试题（2）和（4）。

假设 3：蜡烛燃烧时周围空气温度高，罩上烧杯后，温度下降，水面上升，这个假设主要涉及不可观察的现象，如气体冷缩、压强减少，此假设对应陈述性知识测试题（5）。

总之，这个问题是多因一果的试题。

表 4-8 列出了高一学生陈述性知识与科学假设能力的关系。从该表可知，高一学生在陈述性知识测试题（1）和（3）中 67 人能选出正确答案，但只有 48 人

能提出假设 1。本节的研究假设是 16 周岁以上的学生只要具备陈述性知识,都能提出相应的假设,将测试结果与本节的研究假设的结果做比较,经非参数卡方检验,两者有极其显著性差异($P = 0.000 < 0.01$),这个结果说明了即使 16 周岁以上的学生具备相应的陈述性知识,也有部分学生很难提出相应的假设。同时我们也应注意到,71.6% 的高中生能根据陈述性知识提出假设,说明陈述性知识也是假设提出的不可缺少的条件。根据表 4-8,假设 2 和假设 3 涉及微观表征,陈述性知识测试中高一有 58 人能选出测试题(2)和(4)的正确答案,仅 17 人能提出假设 2,占具备陈述性知识人数的 29.3%。同样,56 人能选出测试题(5)的正确答案,但仅 11 人能提出假设 3,占具备陈述性知识人数的 19.6%。从表 4-8 可知,假设 2 和假设 3 的测试结果与本节研究的假设之间对比都存在极其显著性差异,说明 16 周岁的学生即使具备相应的知识,也难以提出涉及微观表征的假设。在涉及多因一果的假设方面,仅有极少数学生能从多方面思考,能同时提出两个假设的只有 8 人,同时提出三个假设的人数仅 5 人,说明大多数高一学生在提出假设时集中于一个假设,不能同时考虑多个假设。

表 4-8　高一学生陈述性知识与科学假设能力的关系

科学假设	原有陈述性知识 假设人次/陈述性知识人次					P 值
	题(1)(3)	题(2)(4)	题(5)	前四题	全部题	
假设 1	48/67					0.000
假设 2		17/58				0.000
假设 3			11/56			0.000
假设 1、2				8/55		0.000
假设 1、2、3					5/55	0.000

从上述分析可知,高一学生尽管具备陈述性知识,也很难提出科学的假设,尤其是涉及微观表征的假设,因为学生的溯因推理能力欠缺,同时也证明了陈述性知识是提出假设的必要条件。

表 4-9 为大二学生陈述性知识与科学假设能力的比较结果。从该表可知,94 名大学生都能在试题(1)和(3)中选出正确答案,有 86 人能提出假设 1,占具备陈述性知识人数的 91.2%。由此可见,大多数大学生具备相应的陈述性知识

且能提出相关假设,有 8 人不具备这种能力,与本节的研究假设相比较,经检验存在显著性差异($P = 0.034 < 0.05$),说明拒绝研究假设,大学生具备相关知识并不一定能提出相应假设。这个结论在假设 2 和假设 3 上表现得更加明显,86 人在试题(2)和(4)能选择出正确答案,但仅有 53 名学生能提出假设 2。同样,85 人在试题(5)能选择出正确答案,但仅有 30 人能提出相关假设,将结果与本节的研究假设相比较,发现差异都极其显著,表明了大学生即使具备相关的陈述性知识,也难以提出涉及微观表征的假设。从表 4-9 中我们也可以看出,具备相应陈述性知识的大学生也难以提出 2 个或 2 个以上的假设。

表 4-9　大二学生陈述性知识与科学假设能力的比较

科学假设	原有陈述性知识 假设人次/陈述性知识人次					
	题(1)(3)	题(2)(4)	题(5)	前四题	全部题	P 值
假设 1	86/94					0.034
假设 2		53/86				0.000
假设 3			30/85			0.000
假设 1、2				34/85		0.000
假设 1、2、3					15/84	0.000

综上所述,我们可以得到结论:18 周岁以上的大学生即使具备相应的陈述性知识,部分学生能提出宏观表征的假设,但从表 4-9 可知,少部分学生能提出微观表征的假设。在涉及多因一果的现象时,学生大多集中于提出一种假设。

(三)高一与大二学生科学假设能力的比较

表 4-10 为高一和大二学生科学假设能力的比较结果。从该表可知,高一 48 位学生(70.6%)和大二 86 位学生(91.2%)都能提出假设 1,经两个独立样本非参数检验,两者有极其显著性差异($P = 0.001 < 0.01$)。我们可以得出,虽然高一学生和大二学生都具备陈述性知识,但是大二学生更能根据这些知识提出假设。

表 4-10 高一和大二学生科学假设能力的比较

假设类型	学生类型 人数（百分数）			P 值
	高一（68 人）	大二（94 人）	均值	
假设 1	48（70.6%）	86（91.2%）	83.8%	0.001
假设 2	17（25.6%）	53（56.4%）	43.2%	0.000
假设 3	11（16.9%）	30（31.9%）	25.3%	0.023
假设 1、2	8（12.3%）	34（36.5%）	25.9%	0.000
假设 1、2 和 3	5（7.7%）	15（15.8%）	12.3%	0.000

从表 4-7 和表 4-10 可知，98.8% 的高一学生和 100% 的大二学生具备蜡烛燃烧消耗氧气产生同体积的二氧化碳的知识，且两者不存在显著性差异。89.5% 的高中生和 95.5% 的大学生具备二氧化碳易溶解于水和盛二氧化碳的试管倒扣在水中会导致试管内气压降低的知识，两者同样不存在显著性差异。但高一和大二分别只有 17 人（25.6%）和 53 人（56.4%）能提出相关假设，经过 SPSS 数据分析发现，两者存在极其显著性差异（$P = 0.000 < 0.01$）。这个结果表明，如果都具备相等的陈述性知识，大二学生更容易提出涉及微观表征的假设和需要多步推理的假设。

同样，高一学生在陈述性知识测试题（5）中有 57 人（84.2%）选择正确答案，大二学生有 85 人（90.4%）选择正确答案，经检验，两组无显著性差异（$P = 0.318 > 0.05$）。但高一和大二分别只有 16.9% 和 31.9% 的学生能提出假设 3，且两者同样存在极其显著性差异（$P = 0.000 < 0.01$），这个结果同样表明了大二学生更容易提出涉及微观表征的假设。

根据表 4-10，大二学生和高一学生都很难提出 2 个或 3 个假设。大二学生提出假设 1 和假设 2 的人数为 34 人（36.5%），高一学生为 8 人（12.3%），经检验，两者存在极其显著性差异（$P = 0.000 < 0.01$）。同样，大二学生提出三个假设的人数 15 人（15.8%），而高一学生为 5 人（7.7%），两者也同样存在极其显著性差异（$P = 0.000 < 0.01$）。其中的主要原因：一是大二学生提出假设 2、假设 3 的能力强于高一学生，导致大二学生同时提出 2 个或 3 个假设的能力强于高一学生；二是具备陈述性知识的大二学生比高一学生更能同时集焦多个假设。

综上所述，可以得出以下结论：在具备相同陈述性知识的条件下，18 周岁以上的学生比 16 ~ 18 周岁的学生更能提出各类假设,因为 18 周岁以上的学生的溯因推理能力更强。

四、进一步讨论

学生都具备三个假设的相关陈述性知识,为何绝大多数学生能提出假设 1 而不能提出假设 2 和 3。我们对学生进行了访谈,结果发现,假设 1 是学生常用到的知识点,在考试中常出现。因此,学生更容易提取经常被应用的陈述性知识而提出假设。假设 2 和 3 涉及微观现象和难以观察到的实体,在假设 2 中,蜡烛燃烧消耗氧气生成同体积的二氧化碳,二氧化碳溶于水难以直接观察,涉及微观现象,比如二氧化碳分子进入水中,1 分子氧气燃烧生成 1 分子二氧化碳等。假设 3 虽未涉及微观粒子,但气体热胀冷缩也难以直接观察,且学生在平时测试中很少应用这个知识点。因此,本节的研究表明,学生更容易依据直接可以观察的经验现象提出假设,而很难依据抽象推理或微观现象提出假设。大二学生在提出假设 2 和 3 上显著高于高一学生,说明在同样具备陈述性知识的前提下,年龄阶段对学生依据微观现象和理论提出假设有显著影响,年龄小于 18 周岁的学生更难提出涉及微观现象的假设,证明了年龄越大,溯因推理能力越强。

本调查试题属于一果多因,由果推因。心理学研究表明,由果推因不同于由因推果。由果推因时,由于逆转了原因、结果的关系,对思维的可逆性要求较高,因此,难度较大[1]。从本节的研究也可以看出,同时提出 2 个或 3 个假设的学生很少,这说明学生很难从不同的角度提出假设。经对学生进行访谈,问及“你知道蜡烛燃烧生成二氧化碳,二氧化碳溶解于水”“气体会热胀冷缩”,为何不提出相关假设,学生认为是已经提出消耗氧气的假设,认为这个假设是最合理的,所以就没有提其他假设。由此可见,在多因一果中,学生会考虑最有可能的原因,而不会从问题的复杂性的角度考虑多种原因。

① 李红,郑持军,高雪梅. 推理方向与规则维度对儿童因果推理的影响[J]. 心理学报,2004,36(5):550－557.

五、结论

由上述分析可知,本节的研究结果接受本章的总体假设,即具备相同陈述性知识的不同年龄阶段的学生科学假设能力有所差异。由此可以得出以下一些结论:

(1) 对超过16周岁且具备一定的陈述性知识的学生,大多数能基于直接观察到的现象提出假设,但提出涉及微观表征假设的学生较少,主要原因是学生溯因推理能力较差。

(2) 16～18周岁和18周岁以上的学生在同样具备陈述性知识的前提下,18周岁以上的学生更能提出合理的科学假设,且与16～18周岁的学生存在显著性差异,说明溯因推理能力随年龄增加而加强。

(3) 学生更容易提取经常应用的知识来提出科学假设。在涉及多因一果的关系中,学生会考虑最有可能的假设和提取最常应用的知识形成假设,而不会同时考虑多种假设。

第五章　学生科学假设能力调查

前面探讨了陈述性知识储备与溯因推理能力对不同年龄阶段学生科学假设形成的影响。本章将继续研究不同年龄阶段学生科学假设能力的现状,以全面了解学生的科学假设能力。

第一节　学生科学假设能力调查方案设计

一、科学假设能力显性指标的确定

要详细地研究科学假设能力,就必须对它精细化,分各个要素进行研究。由前面的研究可知,科学假设能力是一种综合能力,它由多种互相关联的要素组成,但这些要素并非都是显性的。要调查学生的科学假设能力,必须使这些要素显性化。

根据科学假设能力的结构和特点,我们认为科学假设能力的显性指标有科学假设的层级、写出假设依据的能力、利用证据的能力。这些指标与科学假设能力的内容、操作、产品、品质和自我监控互相关联。

(一) 科学假设的层级

科学假设的层级是指学生在同一时间内提出的假设的正确性和思维的深刻程度。所谓假设的正确性必须同时包含三个条件:其一是指假设的理论依据合理和科学;其二是指这个假设能够用实验检验;其三是指这个假设能较全面地解释问题情境。所谓假设思维的深刻程度是指学生提出假设的层级。比较低层次的假设是学生仅注意到直观表面现象;较高层次的假设是指学生能关注问题情境中的局部变量,但仍然不能全面分析问题;最深层次的假设是指学生能揭示隐含在现象下的本质,全面考虑问题,特别是能从微观角度思考问题。假设的层级对应着科学假设能力的内容、操作、产品、品质和自我监控五个要素,是科学假设能力各要素的综合体现。

(二) 写出假设依据的能力

写出假设依据的能力是科学假设能力内容、科学假设能力的操作和自我监控的综合体现。要学生写出假设的依据,就是让学生写出其假设的背景理论、推理方法及其思考过程,而学生写出的假设的理由是否合理,是衡量学生处理问题信息能力的重要指标,也是衡量学生假设能力的标准之一。如果学生能写出科学假设合理的依据,说明学生有准确分析问题、具有相应的知识结构和准确提取知识的能力,并能够自我监控和评价自己的思维过程。因此,写出假设合理理由的能力是学生假设能力的重要指标。

(三) 利用证据的能力

假设都需要一定的证据支持,同时证据也是评价假设合理性的重要标尺。要提出合理的科学假设,必须用科学推理将科学证据和理论依据联系起来,变成符合逻辑的科学主张(假设)。利用证据的能力是科学假设能力的操作、自我监控和品质的重要体现,也是衡量学生科学假设能力产品的重要指标。因此,学生能否充分、合理利用各种证据是判断他们科学假设能力的重要显性指标。

二、需要解决的问题

劳森认为,不同年龄阶段的学生提出科学假设的类型有所差异。由文献综述可知,目前我国还未发现有研究者系统探讨不同类型学生科学假设能力的现状,尤其还未发现对不同年龄阶段的中小学生在科学假设能力的各个显性指标表现差异的研究。本章将探讨各种类型学生的科学假设层级、写出假设依据的能力、证据利用的能力的现状,以及中小学生协调这三个科学假设要素能力的情况。

三、研究对象

选取研究对象为重庆市某重点中学高二 101 名学生,其中,普通班学生 48 名,重点班学生 53 名,这些学生的平均年龄为 16.8 周岁。这样选择的原因是探讨同一年龄阶段不同学业成就学生科学假设能力、理论依据和证据利用能力的区别。此外,还选取重庆某师范院校大二化学专业 76 名学生(平均年龄为 20.3 周岁);大二数学与应用数学专业 84 名学生(平均年龄为 20.2 周岁)为研究对象。目的是比较学过与未学过相关知识的同年龄阶段的学生科学假设能力的状况。其中,大二数学专业的学生只具备高中化学知识,其化学知识储备和高中生相似,但年龄大于 18 周岁,大二化学专业已经完成无机化学知识的学习,已具备解决本问卷试题的相关知识。

四、研究方法和工具

(一)研究方法

本节采用问卷调查法、访谈法和作业分析法。正式调查前进行预调查,然后修改问卷。作业分析法主要在统计过程中采用,使用作业分析法有助于研究者拓宽视觉和增加敏感度,丰富研究内容,并达到相互证实和检验的目的[①]。因此,本节在说明问题时用了学生答题的例子进行分析,从而进一步说明统计结果。

对学生假设能力评价采用教育研究的分析框架法。分析框架是从一个理论出发,针对要研究的问题所提出的研究思路、工具,它是理论和问题两者之间的桥梁[②]。研究的数据用 SPSS17.0 处理。

(二)研究工具

研究工具采用一道"反例"题(问卷见附录 4)。"反例"是与学生所学的理

---

① 白坛. 质的研究指导[M]. 教育科学出版社,2002:102.
② 刘献君. 教育研究方法高等讲座[M]. 武汉:华中科技大学出版社,2010:14.

论或已有知识经验有冲突的现象和科学事实。

背景:一次学生实验中,学生用纯净的铝片分别与相同体积和相同 H^+ 浓度的稀盐酸和稀硫酸反应,发现铝片与稀盐酸反应的现象非常明显,而与稀硫酸几乎不发生反应,这与课本上的内容"铝能够和稀盐酸和稀硫酸反应放出氢气"不符。

问题:为了探究铝与稀盐酸和稀硫酸反应差异的原因,你对问题的答案能做出哪些猜测及解释? 请尽可能多地写出你认为合理的假设,并说明提出这个假设的理由(推理)和证据。

在进行调查时,主试分别为高二、大二化学专业、大二数学专业学生进行了实验演示,并用投影仪放大实验现象,以便每位学生都能观察到,演示时主试强调所用的溶液都不含其他杂质。

选择这道题的原因是高二学生已经学习了"影响化学反应速率因素"的知识,但对高二学生和大二数学专业学生来说,属于"反例",因为学生还没有学习配合物的知识。大二化学专业学生在无机化学中学过配合物的知识,因此,对大二化学专业学生而言,属于常规问题。

(三) 问卷的信度

本次问卷信度测试采用了再测法,时间间隔为 20 天,再次对高二部分学生进行测试,选取有效问卷 60 份。同样,为了便于统计,对拒绝提出假设和"其他"的计 0 分,错误假设计 1 分、直观假设计 2 分,因果假设计 3 分,抽象假设计 4 分。用 SPSS17.0 软件进行统计分析,测量的信度系数值为 0.84,说明问卷信度较好。

五、学生提出科学假设的层级框架

齐恩和布鲁尔(Chinn & Brewer,1993)对学习科学的中小学生进行研究时发现,当中小学生面对"反例"时,一般采用如下策略:忽略反例;将反例排除在理论之外;以无效的方式持有这些反例;重新解释反例而保留原来的理论;重新解释反例,对原来的理论做外围的改变;接受反例,改变原有理论。由于本章是调查学生的假设能力,结合齐恩和布鲁尔的分类,本章采用萨马拉庞加万和魏尔斯

（Samarapungavan & Wiers,1997）以解释框架进行分析的观点[1]，将学生科学假设能力分成不同的层级。解释框架在本书中是指学生在解释科学现象时所呈现出来的信念系统，是一种预先存在的网络系统，用以规则学生解释的种类。根据预调查的结果，本章把学生对"反例"提出的假设分为不相信实验，拒绝提出假设；错误的假设（理论依据是错误的、假设本身所含的知识是错误的）；依据因果关系提出假设；依据抽象推理提出假设（微观方面）；其他（不能称之为假设、一些其他情况）。各个层级具体表现见表5-1。

表5-1　学生提出假设的层级

假设层次	具体表现	解释
拒绝提出假设	不知什么原因，不相信实验现象，认为是欺骗信息，如拿错药品、实验出错等	这类学生对异常现象不相信
错误的假设	无任何依据随意地想象、错误的知识依据，如盐酸是一元酸、硫酸铝不溶于水等	这类学生随意猜测，假设本身包含错误的知识
直观假设	可能是硫酸放少了点，硫酸中放的铝片太短了，铝片太大或太小，稀盐酸放得太多	由直接观察到的外在现象而提出假设
因果假设（从宏观方面）	铝片本身的性质，铝与稀盐酸反应放热更多，硫酸的浓度比盐酸低，铝片在硫酸中容易钝化，硫酸铝比氯化铝溶解度小	根据影响化学反应速度的某一因素提出假设，属于选择性溯因
抽象假设（从微观提出假设）	氯离子使氢离子更容易与铝发生反应；硫酸根离子的半径比氯离子大，阻住氢离子与铝原子接触；氯离子能穿透铝表面形成的氧化膜而硫酸根离子不能	从物质自身的微观结构提出假设，对中学生而言，包含创造性溯因的成分
其他	对现象的陈述，个人与现象无关的观点等，如铝粉反应更快，铝在硝酸中反应快等	不能称为假设

[1] Samarapungavan A, Wiers R W. Children's thoughts on the origin of species: a study of explanatory coherence[J]. Cognitive Science, 1997,21(2):147-177.

第二节　学生科学假设层级的调查

一、同一年龄阶段不同学业成就学生的科学假设层级比较

(一) 重点班和普通班学生学业成就比较

本章参考学生最近化学考试的平均分数(表 5-2)。重点班学生的化学平均分数为 86 分,普通班学生为 61 分,重点班比普通班高出 25 分,经独立样本 t 检验,结果发现两者有极其显著性差异($t = 0.000 < 0.001$),重点班学生的化学学业成就远远好于普通班学生的。

表 5-2　重点班和普通班学生化学学业成就的比较

班级(人数)	分数/分	t 值
重点班(53)	86	0.000
普通班(48)	61	

(二) 不同学业成就高中生科学假设的层级比较

由于在问卷中要求学生尽可能多地提出假设,所以表 5-3 中每个班的数据的百分数之和都远大于 100%,除了"拒绝提出假设"的学生,普通班学生提出假设为 95 人次,平均每个学生提出 1.98 个假设,重点班提出假设的人次为 123 人次,平均每个学生提出 2.32 个假设,重点班学生提出假设的人均个数高于普通班。从表 5-3 可知,普通班"拒绝提出假设"的有 11 人次(22.9%),高于重点班的 6 人次(11.3%),但不存在显著性差异($P = 0.122 > 0.05$),说明重点班和普通班学生在不相信实验、不愿意提出假设方面无显著性差异。普通班学生提出"其他"的有 21 人次(43.8%),高于重点班 16 人次(30.2%),且不存在显著性差异($P = 0.16 > 0.05$),这个数据可以表明,重点班学生和普通班学生在"不知道什么是假设"方面没有显著性差异。从这里可以看出,在学生的质疑和批评思维方面,重点班和普通班学生相差不大,而且可以推测重点班和普通班教师在

探究教学中都很少重视假设环节的教学。

表5-3 不同学业成就高二学生科学假设的层级比较

假设层次	学生类型 人数（百分数）			P 值
	普通班(48 人)	重点班(53 人)	均值	
拒绝提出假设	11(22.9%)	6(11.3%)	16.8%	0.122
错误的假设	25(52.1%)	31(58.5%)	55.4%	0.404
直观假设	28(58.3%)	20(37.7%)	47.5%	0.062
因果假设(从宏观方面)	16(33.3%)	40(75.5%)	55.4%	0.000
抽象假设(从微观提出假设)	5(10.4%)	16(30.2%)	20.8%	0.015
其他	21(43.8%)	16(30.2%)	36.6%	0.16

在假设层级方面,普通班学生提出"直观假设"的有 28 人次(58.3%),高于重点班的 20 人次(37.7%),但不存在显著性差异($P = 0.065 > 0.05$),说明普通班近半数学生的假设是依靠直接观察外在现象而提出的,重点班学生占的比例也不小。重点班学生提出"错误假设"的有 31 人次(58.5%),高于普通班的 25 人次(52.1%),但不存在显著性差异($P = 0.404 > 0.01$),这主要是因为重点班的学生提出假设的数量比普通班学生多。重点班学生的"因果假设"和"抽象假设"两个层级的人次和百分比分别为 40(75.5%)和 16(30.2%),而普通班学生在这两个层级的表现分别为 16(33.3%)和 5(10.4%),重点班的学生提出这两个层级假设的人次明显高于普通班的学生,且分别存在极其显著性差异和显著性差异(P 值分别为 0.000 和 0.015)。由于重点班学生的化学学业成就比普通班学生高很多。因此,学业成就高的学生在提出假设的个数、因果假设和抽象假设的层次上比学业成就低的学生显著要强。

从总体来看,高中生的假设层级从高到低依次为错误的假设、因果假设、直观假设和抽象假设,但仅有 20.8% 的学生能提出抽象假设(即微观表征的假设)。

二、同一年龄阶段学过与未学过相关知识的学生科学假设层级比较

从表5-4 可知,除了"拒绝提出假设"的学生,大二数学专业的学生提出假设的人次为 128,平均每个学生提出 1.52 个假设,大二化学专业的学生提出假设的人次为 136 次,平均每个学生提出假设的个数为 1.79。大二化学专业的学生提出假设的个数略比大二数学专业的学生多。化学专业学生在"拒绝提出假设"和"其他"两个层级的人数(百分数)和数学专业学生相差不大,经非参数卡方检验,两者无显著性差异(P 分别为 0.801 和 0.400)。在假设层级表现上,化学专业学生的直观假设比数学专业学生的略多,但两者无显著性差异($P=0.118$)。这是因为化学专业的学生提出假设的数量多于数学专业的学生。化学专业的学生在"错误假设"的人次为 32 人次(42.1%),而数学专业的学生为 37 人次(44.0%),化学专业学生略少于数学专业学生,但两者不存在显著性差异($P=0.805>0.05$),说明两个专业学生提出"错误的假设"的概率相似。在"因果假设"层级,化学专业的学生为 45 人次(59.2%),数学专业的学生为 55 人次(65.5%),数学专业学生比化学专业学生略高,但两者也不存在显著性差异($P=0.349>0.05$),说明化学专业学生和数学专业学生在高中的化学知识储备方面相似。在"微观假设"层级,化学专业的学生为 37 人次(48.7%),数学专业的学生为 16 人次(19.1%),两者存在极其显著性差异($P=0.000<0.01$),这是因为化学专业的学生学过配合物相关知识,所以一些化学专业的学生能从"铝与盐酸反应生成四氯化铝的配合物"和"氯离子能穿透铝表面的氧化膜"提出假设,而数学专业的学生则不能。如果从溯因推理的类型来分析,本问卷内容对化学专业的学生来说属于常规问题,可用选择性溯因来提出解释;而对数学专业的学生来说,本问卷属于反常问题,需要用创造性溯因来提出解释。因此,对数学专业学生来说,提出本问卷的假设更难。表 5-4 也表明,化学专业的大学生近半数能够顺利提取相关知识提出涉及微观实体的假设。

表 5-4　大二化学专业和大二数学专业学生科学假设的层级比较

假设层次	学生类型 人数(百分数)			P 值
	数学(84 人)	化学 (76 人)	均值	
拒绝提出假设	11(13.1%)	11(14.5%)	13.8%	0.801
错误的假设	37(44.0%)	32(42.1%)	43.1%	0.805
直观假设	10(11.9%)	16(21.0%)	16.3%	0.118

续表

假设层次	学生类型 人数(百分数)			P 值
	数学(84 人)	化学（76 人）	均值	
因果假设(从宏观方面)	55(65.5%)	45(59.2%)	62.5%	0.349
抽象假设(从微观提出假设)	16(19.1%)	37(48.7%)	33.1%	0.000
其他	10(11.9%)	6(7.9%)	10%	0.400

总体上看，大学生各假设的层级所占的百分数由高到低依次是"因果假设""错误假设""抽象假设"和"直观假设"。这些数据可以推知，学生(62.5%)更倾向于从宏观方面提出假设，处于"抽象假设"层次的仅占33.1%，即使他们达到了能用微观表征的年龄阶段。

综上所述，虽然化学专业的学生学过相关知识，但他们仅在"抽象假设"层级比数学专业学生强，在其他层级方面无明显差异。因此，可以得出结论，具备相关陈述性知识的学生比不具备这些知识的学生更能提出抽象假设。

三、不同年龄阶段学生科学假设层级的表现差异

由于大二化学专业的学生学过问卷涉及的相关知识，故不作为研究对象。本部分将调查的重点高中101名学生与大二数学专业的84名学生做比较，因为他们都未学过问卷的"反例"涉及的相关知识，但他们高中的化学知识水平一致。

从表5-5可知，高中生在"拒绝提出假设"方面占17人次(16.8%)，而大学生占11人次(13.1%)，经两个独立样本非参数检验，两者并无显著性差异($P = 0.481 > 0.05$)，说明部分大学生的批判性思维能力并未随年龄和知识增长而增长，从中也反映出大学教学并未重视学生批判性思维的培养。在"其他"，即"不会提出假设"方面，大学生占10人次(11.9%)，而高中生占37人次(36.6%)，两者存在极其显著性差异($P = 0.00 < 0.01$)，说明大学生更了解假设的含义，而高中还有相当一部分学生不知道什么是假设。

表 5-5　高中生与大学生科学假设层级的比较

假设层次	学生类型 人次（百分数）		P 值
	大学生（84 人）	高中生（101 人）	
拒绝提出假设	11(13.1%)	17(16.8%)	0.481
错误的假设	37(44.0%)	56(55.4%)	0.124
直观假设	10(11.9%)	48(47.5%)	0.000
因果假设（从宏观方面）	55(65.5%)	56(55.4%)	0.167
抽象假设（从微观提出假设）	16(19.1%)	21(20.8%)	0.768
其他	10(11.9%)	37(36.6%)	0.000

在假设的层级方面，高中生中提出"错误的假设"的有 56 人次（55.4%），比大学生的 37 人次（44.0%）高，但两者无显著性差异（$P = 0.124 > 0.05$）。这个结果表明，大学生在提出假设时更注重假设本身包含知识的正确性，而高中生要随意一些，比如很多高中生就提出"硫酸根离子具有强氧化性"的假设，这个假设本身就是错误的。在"直观假设"方面，高中生有 48 人次（47.5%），而大学生仅为 10 人次（11.9%），两者有极其显著性差异（$P = 0.00 < 0.01$），说明高中生更容易被直观表面现象所迷惑，并不会依据某些知识来提出假设。在"因果假设"方面，高中生有 56 人次（55.4%），大学生为 55 人次（65.5%），大学生的比例高于高中生，但经独立样本非参数卡方检验，两者并无显著性差异（$P = 0.167 > 0.05$），总的来说，大学生更多依据某一理论提出假设。在"抽象假设"方面，高中生有 21 人次（20.8%），略高于大学生的 16 人次（19.1%），但无显著性差异，这表明在都未学相关知识的前提下，大学生提出涉及微观实体假设的能力和高中生一致，主要原因是大学二年级数学专业学生近两年未接触化学知识，而高中生经常做化学试题。这个结果与第四章第二节的研究结果好像有矛盾，但应该注意到前面研究的前提是大学生和高中生都具备相关陈述性知识，大学生在微观表征的假设方面要比高中生强。为了进一步验证这个结论，现将化学专业大二学生在涉及微观现象的假设与高二重点班比较，大二化学专业学生提出抽象假设为 37 人次（48.7%），而高二重点班为 16 人次（30.2%），经独立样本卡方检验，发现两者有显著性差异（$P = 0.03 < 0.05$），这证明了当具备相应陈述性知识时，大学生提出微观表征假设的能力更强。

总之,大学生提出因果假设的能力比高中生强;高中生提出直观假设的比大学生多,且存在极其显著性差异;在不具备相应陈述性知识的前提下,大学生和高中生提出涉及微观表征假设的能力一致。

四、进一步讨论

本章对各种类型的学生提出科学假设类型进行了调查,发现 16 周岁以上的学生提出假设层级从高到低排列大致为因果假设、错误假设、直观假设和抽象假设。为了进一步探讨原因,我们对部分学生和教师进行了访谈,对学生的调查问卷进行了分析。

1. 拒绝提出假设

采取拒绝提出假设策略的学生没有接受反例信息,也没有改变原有理论,但对反例信息做了推测,解释了这些反例为什么被拒绝。大多数拒绝提出假设的学生认为是实验药品出了问题,如有学生说"稀硫酸不纯所致";其次是学生认为实验方法有误,如有学生说"实验不严密";少数学生认为是欺骗信息,如学生说"拿错了药品"。调查表明,各类学生都有面对"反例"时拒绝提出假设的现象,高二普通班拒绝提出假设的人数最多,占 22.9%。这个结果表明,在没有学过相关理论的前提下,部分学生宁信书本,不信实验,即使是学过相关知识的部分大二化学专业学生也是如此。经对大二化学专业拒绝提出假设的学生进行访谈,有学生回答:实验容易出错,而理论知识是权威科学家总结出来的,不会出错。由此可见,部分学生把课本知识当成一成不变的真理,缺乏批判精神。

2. 错误的假设

处于错误的假设层次的学生比例排在第二。错误的假设是指假设本身所含的科学知识是错误的。造成学生提出错误假设的原因:其一是不恰当的类比。比如学生认为铝与稀硫酸反应生成的硫酸铝不溶于水,覆盖在铝的表面,阻止反应的进行。硫酸铝是能溶于水,显然这个假设所包含的知识是错误的。王婷婷等(2010)的研究表明,当结果已知、原因特征未知时,人们会建构因果模型进行类比推理[1],但有时类比推理应用不恰当。我们对提出错误的假设的学生进行访谈,学生表示他的假设主要是类比稀硫酸与碳酸钙反应生成硫酸钙。硫酸钙和硫酸镁性质存在一定的区别,硫酸钙微溶,而硫酸铝能溶,这样的类比肯定是不正确的。其二是对科学理论的理解欠缺。比如某生认为硫酸是二元酸,所以铝与其反应慢,这个学生没有理解影响金属与酸反应速度的本质。其三是为了解释现象,不惜歪曲理论。如某生认为稀硫酸是弱酸,所以与金属反应速度慢,还有学生认为铝是不活泼金属,所以与酸反应慢等。对这些学生进行访谈发现,学生并非不知道稀硫酸是强酸,而是他们实在提不出合理的假设,他们要么不相信实验,要么修改科学理论来达到解释的目的。

3. 直观假设

直观假设层次主要是根据直接观察到的事物外形来提出假设,属于比较低级的思维层次。调查发现,高中生中处于直观假设层次的占比最高,为47.5%,高中普通班比重点班高,大学生也有16.3%的学生处于直观假设层次。卡普拉斯等(Karplus et al,1977)对欧美国家中小学生科学推理能力的发展水平的研究发现,15%的学生处于具体运算水平,还有28%的学生处于直觉水平[2],这个直觉水平指的是直观水平。本章的研究结论与卡普拉斯的研究结论一致。由于本章的研究工具应用的是化学学科的问题,反应物间的接触面积、浓度都是影响化学反应速率的因素,所以部分学生提出的直观假设也不一定反映他们思维水平真的处于直观层次。经访谈发现,很多学生提出"放入硫酸中的铝片小而影响反应速率"的假设,学生认为反应物接触面积越大,反应速率就越快,其实,学生错误地理解了接触面积的概念。处于"直观假设"水平的学生不能正确理解科学概念,但又依据一定的科学概念来推理。因此,本章的研究中处于直观假设层次的学生思维能力更确切地说是介于"直观水平"和"因果水平"之间。

4. 因果假设

本章将从宏观方面并依据一定科学知识提出与现象有因果关系的假设界定为因果假设层次水平,目的是与抽象假设层次区分。所谓"宏观"是指学生可观

---

[1] 王婷婷,莫雷.因果模型在类比推理中的作用[J].心理学报,2010,42(8):834–844.

[2] Karplus R, Karplus E, Formasino M, et al, A survey of proportional reasoning and control of variables in seven countries[J]. Journal of Research in Science Teaching, 1977,14(5):411–417.

察到现象或宏观物质实体。调查发现,处于因果假设层次的学生人数最多,排在各假设层级的第一位,说明多数学生都能依据一定的科学知识,从宏观方面提出假设。有研究表明,在面对"反例"的实验事实时,大多数学生重新解释"反例"而不是拒绝它[①]。重新解释"反例"是指学生可能接受了这些反例信息,但又十分相信原有的理论,只有用自己的理论对反例进行重新解释,即使用这些理论解释起来可能并不合理。本章的研究结论和以前研究的结论一致,但因果假设要求符合科学理论,假设与现象存在因果关系,重新解释反例则只要提出解释就行。处于因果层级学生占比最大的是重点高中重点班,说明了学生的学业成就对因果假设的能力有重要影响,也证明了具备良好知识结构的学生更能提取和应用已有知识。

5. 抽象假设

抽象假设主要是指从微观方面提出假设,即学生根据不可观察的微观实体提出假设,在化学学科,表现为利用分子、原子和离子等微观粒子的变化或运动来解释宏观的化学现象。调查表明,约 20% 的学生处于抽象假设层级水平,这些学生达到提出抽象假设的年龄阶段。劳森等(Lawson et al,2000)利用生物学科问题作为研究工具,调查发现仅 9% 的大学生具有微观表征假设的水平[②]。本章研究得出的数据比劳森的高。处于抽象水平层级的学生能够在宏观、微观和符号三重表征间建立有效的联系,这也是化学学科特有的思维方式,同时代表了化学学科三种层次学习水平。第一层级的水平是宏观水平,即从观察和触摸到的物质,可以用浓度、可燃性、颜色等来描述物质的性质和变化;第二层级水平是符号水平,即用化学式、化学方程式等化学特有的符号来表征物质及变化;第三层级水平是微观水平,即能从微观方面解释物质性质及变化[③]。在本章的测试题中,如果学生能从微观和符号层面思考铝与稀硫酸反应慢的宏观现象,说明学生处于高层次的化学学习水平。调查表明,化学学业成就高的学生和化学专业的学生提出抽象假设的能力更高,说明了化学学科思维影响化学学业成就,同时证明了具备学科思维能力的学生处于更高的科学假设层级。通过对处于"抽象

---

① 许应华. 当前高中生科学信念系统开放程度的调查研究[J]. 教学与管理,2008(6):60-61.
② Lawson A E, Clark B, Cramer-Meldrum E. Development of scientific reasoning in college biology:do two levels of general hypothesis-testing skills exist? [J]. Journal of Research in Science Teaching,2000,37(1):87-101.
③ 毕华林,黄婕. 国外关于化学学习水平的界定与研究进展[J]. 全球教育展望,2007(1):90-96.

假设"层级的学生进行深度访谈可以发现,这些学生不容易被外在现象所迷惑,而是从物质本身的结构方面去探讨引起这些外在宏观现象的原因。

五、结论

通过对同一年龄阶段不同学业成就的高中生、同一年龄阶段学过与未学过相关陈述性知识的大学生、未学过相关陈述性知识的不同年龄阶段高中生和大学生的调查,本节可以得出以下结论:

（1）在同一学习环境,学业成就高的学生在提出高层级的假设方面比学业成就低的学生表现得更好,且存在显著性差异。

（2）对于18周岁以上的学生,学过相关陈述性知识的学生比未学过相关陈述性知识的学生更能提出微观表征的假设,且有极其显著性差异,但在科学假设其他层级的表现差异不显著。

（3）对于16～18周岁和大于18周岁以上的学生,在具备相同的学科知识基础的条件下,16～18周岁以上的学生更易依据直观表象提出假设,且两者间有极其显著性差异。在其他层级的假设的表现方面与问题情境关系密切,如果两个年龄阶段的学生都未具备问题情境相关知识,则他们在假设的各个层级表现无明显差异。

第三节 不同类型学生写出假设依据能力比较

科学假设的提出都要有一定的科学知识依据（或推理依据）,也就是假设的理由。根据对学生回答情况分析,本节将学生写出假设的科学知识或推理依据分为四类:① 错误的知识或推理依据,主要是指假设依据的科学知识是错误的,推理不严密;② 知识或推理依据能支持假设,主要指假设依据的科学知识是正确的,得到科学共同体的承认,科学推理严密,足以增强假设的合理性;③ 知识依据不能支持假设,主要指的是科学知识虽然正确,但不能作为支持假设的依据；④ 其他，主要是指把科学知识依据、证据、自己的观点等混淆，即学生不知道何为科学知识或推理依据。由于不同类型的学生提出假设的个数并不相同，这部分研究将各类学生的假设个数作为比较数据。

一、同一年龄阶段不同学业成就学生写出假设依据能力比较

从表5-6可知，除去"其他"的学生，高中普通班学生写出支持假设合理的科学知识或推理依据的为85人次，而这些学生提出的假设为95个，包含知识依据的假设占假设总个数的89.5%，表明有一部分学生不能写出假设的理由。同样，高中重点班的学生写出科学知识或推理依据的为116人次，而学生提出的假设为123个，包含知识依据的假设占假设总个数的94.3%，有少部分学生不能写出假设的理由。经非参数2个独立样本卡方检验，发现重点班和普通班在写出假设依据数量方面无显著性差异（$P = 0.58 > 0.05$）。

表5-6　同一年龄阶段不同学业成就学生写出假设依据能力比较

类型	学生类型 人数（百分数）			P 值
	普通班假设（95 个）	重点班假设（123 个）	均值	
错误的知识或推理依据	31（32.6%）	30（24.3%）	28.0%	0.180
知识或推理依据能支持假设	10（10.5%）	36（29.3%）	21.1%	0.001
知识依据不能支持假设	44（46.3%）	50（40.7%）	43.1%	0.195
其他	14（14.7%）	15（12.2%）	13.3%	0.610

在写出"错误的知识或推理依据"方面，普通班学生有31人次，占普通班假设个数的32.6%，重点班有30人次，占重点班假设个数的24.3%，普通班学生写出错误假设依据的人次比重点班多，经检验，两班无显著性差异（$P = 0.180 > 0.05$）。从表5-6可知，在写出"知识或推理依据能支持假设"方面，普通班学生仅有10人次，占普通班假设个数的10.5%，重点班有36人次，占重点班假设个数的29.3%，重点班比普通班高出18.8%，经检验，两个班存在极其显著性差异（$P = 0.001 < 0.01$），这个结果表明，重点班的学生提出的假设与已有知识理论更趋一致性，或重点班学生科学推理更符合逻辑。因此，可以说学业成就高的学

生比学业成就低的学生科学推理能力更强。包雷等(Bao et al,2009)对中美大学新生的科学推理能力和科学知识进行测试比较,结果表明中国学生在科学知识上的成绩远远超过美国学生,但两国学生的科学推理能力相差无几,而且均偏低。[①] 本章的研究结果显然与包雷等的研究结果有冲突,我们分析可能是包雷研究的对象是中国和美国学生,两国的文化和教学方式有很大差异。本章的研究对象是同一学校不同学业成就的学生,两类学生的文化和教师教学方式一样。众所周知,美国科学课堂更加注重探究教学,而中国多采用传统讲授式教学,常经历探究教学的学生科学推理能力更强,因此,虽然美国学生学业成就较低,但科学推理能力并不比中国学生差,说明学生在探究文化氛围下,科学推理能力要强于非探究文化氛围下的。从表5-6还可知,43.1%的学生的知识依据不能支持假设,虽然这些知识是正确的。其中,普通班学生有44人次的知识依据不能支持他们的假设,占假设个数的46.3%;重点班学生有50人次的知识依据不能支持他们的假设,占假设个数的40.7%,经检验,两班无显著性差异($P = 0.195 > 0.05$)。

在"其他"类型,即不知道什么是依据或理由,重点班学生和普通班学生分别有14人次(14.7%)和15人次(12.2%),普通班比重点班多,但两班无显著性差异。这个结果表明,部分高中生还不知道什么是假设的知识依据,他们常把实验现象和自己的观点当成依据。

大家一般认为,学生能提出科学假设,就一定能写出支持这个假设的科学知识依据或推理依据,但调查表明,这个观点不正确。本章将"因果假设"和"抽象假设"视为比较合理的假设,则普通班学生提出合理假设为21个,写出"知识或推理依据能支持假设"的学生有10人次,占普通班合理假设数的47.6%,重点班学生提出合理假设为56个,写出"知识或推理依据能支持假设"的重点班学生有36人次,占重点班合理假设数的64.3%,如果将重点班提出"合理假设"又能提出支持性的科学知识或推理依据的学生和普通班做比较,经非参数2个独立样本卡方检验,发现不存在显著性差异($P = 0.187 > 0.05$)。这个结果说明,在提出合理假设的学生中,重点班学生写出假设合理知识依据的能力和普通班无差异。

101

① Bao L,Cai T F,Koenig K, et al. Learning and scientific reasoning[J]. Science, 2009, 323(5914):586 – 587.

从总体来看，"知识依据虽然正确但不能支持假设"学生的占比最高，为43.1%，其次是"错误的知识或推理依据"的学生占28.0%，"知识或推理依据能支持假设"的学生占21.1%，根据这个数据和访谈可知，大多数学生为了解释自己的假设，但又怕出错，只能写一些与假设无关的知识依据，还有些学生为了达到理论和自己的假设一致性，不惜歪曲理论，从而写出错误的知识依据。当然也有部分学生提出的假设与其支持的理论一致。

根据上述分析，可以得出结论：学业成就高的学生比学业成就低的学生更能提出与科学知识相一致的科学假设或提出的科学假设能符合逻辑推理。

二、同一年龄阶段学过与未学过相关陈述性知识的学生写出假设依据能力比较

从表 5-7 可知，数学专业学生写出知识依据或推理依据的有 100 人次，而学生提出假设为 128 个，写出理由的学生占假设个数的 78.1%。化学专业学生写出知识依据或推理依据的为 109 人次，而学生的假设个数为 136，写出理由的学生占假设个数的 80.1%，数学专业与化学专业的学生在写出假设依据上所占的比例几乎相同。

表 5-7　学过与未学过相关陈述性知识的学生写出假设依据能力比较

类型	学生类型 个数（百分数）			P 值
	数学专业假设（128 个）	化学专业假设（136 个）	均值	
错误的知识或推理依据	36(28.1%)	28(20.6%)	24.2%	0.154
知识或推理依据能支持假设	47(36.7%)	68(50.0%)	43.6%	0.030
知识依据不能支持假设	17(13.3%)	13(9.6%)	11.4%	0.694
其他	12(9.4%)	11(8.1%)	8.7%	0.947

根据表 5-7 中的数据，数学专业学生在"错误的知识或推理依据""知识依据不能支持假设"两个方面高于化学专业学生，但经检验，两个专业学生在这两方面比较都无显著性差异（P 值分别为 0.154 和 0.694）。这个结果表明，虽然化

学专业的学生学过相关陈述性知识,仍有一部分学生提出假设的依据是错误知识,还有一些学生的"假设"与"科学知识或推理依据"并不一致,这也表明即使是大学生也未受到相关假设论证教学训练。

从表5-7可知,能写出假设合理依据的化学专业学生有68人次,占学生假设个数的50.0%,数学专业学生有47人次,占学生假设个数的36.7%,经检验,两个专业的学生存在显著性差异($P=0.030<0.05$),这个结果表明化学专业学生提出的假设与支持理论更为一致,或者说提出的假设更具逻辑性。原因是,经访谈和数据分析,化学专业学生比数学专业学生提出的合理假设更多,因此写出假设合理依据的人次更多。

将两个不同专业既能写出合理假设,又能写出支持假设的合理依据的学生做比较。数学专业学生提出合理假设71个,写出"知识或推理依据能支持假设"的有47人次,占数学专业合理假设个数的66.2%,化学专业学生提出的合理假设为82个,写出"知识或推理依据能支持假设"的学生为68人次,占化学专业合理假设个数的82.9%,经检验,发现不存在显著性差异($P=0.07>0.05$)。这个结果说明,在提出合理假设学生中,虽然化学专业学生写出假设合理知识依据的能力比数学专业学生略强,但并无显著性差异。

以"其他"作为依据的学生,即不知道何为假设依据的学生,化学和数学专业分别为11人次(8.1%)和12人次(9.4%),两个专业学生的表现非常接近,无显著性差异($P=0.947$)。这个结果可以说明两个专业的学生受到的教学方式大体相同,即都没有受过科学假设形成及论证教学训练。

从总体来看,大学生的"知识或推理依据能支持假设"的学生占比最大,为43.6%,其次是"错误的知识或推理依据"的学生,占24.2%,再次是"知识依据不能支持假设"的学生,占11.4%,最后是"其他"的学生,占8.7%。从这个结果可以看出,近半数的大学生提出的假设与其支持的依据一致,有部分学生不惜歪曲理论来达到与其假设一致的目的,还有少部分学生提出的知识依据与假设无关。

三、不同年龄阶段的学生写出假设依据能力比较

从表5-8可知,大学生写出的"错误的知识或推理依据"为36个,占学生假

103

设个数的 28.1%，高中生为 61 个，占学生假设个数的 27.9%，经检验，大学生和高中生不存在显著性差异（$P=0.977>0.05$），说明在提出假设的高中生和大学生中，写出"错误的知识或推理依据"的学生比例大致相同。

表 5-8　大学生和高中生写出假设依据能力比较

类型	学生类型 个数（百分数）		P 值
	大学生的假设（128 个）	高中生的假设（218 个）	
错误的知识或推理依据	36（28.1%）	61（27.9%）	0.977
知识或推理依据能支持假设	47（36.7%）	46（21.1%）	0.002
知识依据不能支持假设	17（13.3%）	91（41.7%）	0.000
其他	12（9.4%）	29（13.3%）	0.276

　　根据表 5-8 中的数据，写出"知识或推理依据能支持假设"的大学生为 47 人次，占大学生假设个数的 36.7%，高中生为 46 人次，占高中生假设个数的 21.1%，经检验，大学生和高中生存在显著性差异（$P=0.002<0.05$），这个结果可以说明，大学生比高中生提出的假设和理论依据更为一致。写出"知识依据不能支持假设"的大学生为 17 人次，占大学生假设个数的 13.3%，而高中生为 91 人次，占高中生假设个数的 41.7%，经检验，大学生和高中生存在极其显著性差异（$P=0.000<0.01$），再次说明大学生更注重假设与理论依据的匹配，而高中生则为了解释假设，不惜张冠李戴，随意用不相关的知识来支持假设。

　　综上所述，可以得出结论，18 周岁以上的大学生比 16~18 周岁的高中生提出的假设与理论（推理）依据更趋一致性。也就是说，大学生更能提出与已有科学知识相匹配的假设。

四、进一步讨论

　　通过对不同类型学生写出支持假设合理依据的能力进行比较，可以发现各类学生都有写出"错误的知识或推理依据"和"知识依据不能支持假设"的，约占学生总假设个数的 50% 左右，说明近半数的学生无法协调假设和科学知识依据之间的关系。也就是说，学生很难写出假设的合理理由。这个研究结论与库恩和雷瑟(Kuhn & Reiser,2005)的研究结论一致,即学生不能提出假设的合理理由或推理依据[①]。高中生在"错误的知识依据"和"知识依据不能支持假设"这两类占的比例高于大学生,而大学生在"知识或推理依据能支持假设"占其假设个数的比例高于高中生。由此可见,年龄阶段对学生的假设能力有较大的影响。大学生的科学假设能力要强于高中生。造成这些现象的原因如下:

第一,生理发育的影响。国外有研究表明,个体的生理发育对学生科学推理能力发展有显著影响[②]。本章和第四章第二节的研究内容都可得出,在具备相关知识的背景下,大学生更能提出涉及微观表征的假设。本节得出,在不具备相关知识的条件下,大学生更能协调假设与支持理论的关系,或者假设的提出更符合逻辑推理。这些都表明随着年龄的增长,个体的假设能力随之增强。

第二,学生都未受过科学假设形成或论证教学训练。很多学生写出假设的理由或推理依据是错误的,通过对学生的问卷作业进行分析,我们发现很多学生不是依据某个科学概念、理论或推理来提出假设,缺乏假设形成思维。还有部分学生不知道什么是科学知识或推理依据,有些学生把假设的证据当成科学知识依据。如某个学生的假设为可能是铝片太小;知识依据是因为生成气体慢。这表明学生分不清证据和理论依据。还有一些学生把自己的观点当成知识依据,如某生写的"铝与稀硫酸反应会生成沉淀",这说明学生不是根据科学知识来提出科学假设,而是依赖自己的理论来思考问题。在这种情况下,学生肯定不能写出假设的合理理由,因为学生根本就不知道如何提出假设,不知道什么是知识依据。对高中生、大学生和教师进行访谈,发现学生没有受过科学假设形成的教学训练,教师也没有教导学生提出假设的方法。还有一些学生面对实验现象,又不能不相信,只好捏造一些错误的知识来解释。

第三,知识结构未能在认识结构中形成网络。知识结构,是指根据领域知识的特征与内部联系在学生的头脑中组织起来的知识网络[③]。合理的知识结构是学生大脑中的知识互相关联,这种关联有助于学生从多角度提取合理的知识来形成假设。然而,我们调查发现学生对相关科学知识(概念、规律等)的理解只

① Kuhn L,Reiser B J. Students constructing and defending evidence-based scientific explanations.［C］. San Francisco,CA,2005.
② 罗纳德·G.古德.儿童如何学科学:概念的形成和对教学的建议［M］.张东海,译.北京:人民教育出版社,2005.
③ 李兰春,王双成,王辉.认知结构分析与训练方法探索［J］.东北师范大学学报(哲学社会科学版),2011(6):225－227.

是局限于表层,没能深入领会它们的本质含义,达不到深层理解。比如由于学生不能理解化学反应中微观、宏观和符号之间的互相联系,因此,就无法利用严密的逻辑推理来提出抽象层级的假设。又如,学生不能理解化学反应物间接触面积的真正含义,导致提出一些直观假设。这与教师迫于升学率的压力,为了加快教学进度,教学方法上采用了传统观念上的"灌输教学法"的关系很大,这无形中会导致学生死记硬背和对知识一知半解,造成学生认知结构的僵化和封闭。因此,缺乏合理的认知结构的学生即使提出了假设,也难以提出合理的假设依据。

五、结论

本部分研究得出如下结论:

(1)在同一年龄阶段,学业成就高的学生比学业成就低的学生更能利用合理的科学知识或推理依据提出假设。

(2)在同一年龄年段,学过相关陈述性知识的学生比未学过相关陈述性知识的学生更能利用合理的科学知识或推理依据提出假设。

(3)在不同年龄年段,都未学过相关陈述性知识仅依靠推理的学生中,大学生比高中生更能协调假设与知识依据的关系,或提出的假设更具逻辑性。

第四节　学生利用证据的能力调查

根据前文的论述,科学证据可以分为直接证据和间接告知证据,还可以分为先决证据和预测证据、本证和反证等。由于本章的调查要求学生写出支持假设的科学证据,所以学生不会有反证证据。根据学生的答题分析,本节将学生证据利用情况分为先决证据、推测证据和其他三类,"其他"是指学生写的"证据"不能称为证据,比如一些个人的观点、科学理论、错误的推测证据、与问题无关的证据等。由于不同类型学生提出假设的个数并不相同,在证据的数目上必然不同,所以这部分研究将各类学生的假设个数作为比较数据。

一、同一年龄阶段不同学业成就的学生利用科学证据能力比较

从表 5-9 可知,不是所有提出假设的学生都能写出假设的证据,普通班学生写出证据的有 81 人次,而假设个数为 95,写出证据次数占假设个数的 85.3%。重点班学生写出证据的有 113 人次,写出证据次数占假设个数的 91.9%。重点班学生写出证据的百分数比普通班高。

表 5-9　同一年龄阶段不同学业成就的学生利用科学证据能力比较

类型	学生类型 人数(百分数)			P 值
	普通班假设(95 个)	重点班假设(123 个)	均值	
先决证据	62(65.3%)	86(69.9%)	67.9%	0.466
推测证据	6(6.3%)	10(8.1%)	7.3%	0.611
其他	13(13.7%)	17(13.8%)	13.8%	0.977

在写出先决证据方面,即已经出现的现象作为证据,普通班学生为 62 人次,占学生假设个数的 65.3%;重点班学生为 86 人次,占学生假设个数的 69.9%,重点班学生多于普通班,但经检验,两组无显著性差异($P = 0.466 > 0.05$)。在推测证据方面,普通班和重点班学生分别仅为 6 人次和 10 人次,经检验,两组也无显著性差异。从这个结果可知,学生大多把已出现的现象作为证据,很少有学生能从自己的假设去推测一些证据,还没有发现学生提出多个证据的,说明学生的证据过于单一。这个结果与桑多瓦尔和米尔伍德(Sandoval & Millwood,2005)的研究结果一致,即学生不会使用充分的证据支持他们的主张[①]。由前面的研究可知,学业成就高的学生比学业成就低的学生更能提出高层级的假设,也更能写出假设的合理知识或推理依据,但在利用证据的能力方面,两者没有差异,而且表现都很差。经访谈得知,在理科教学中,即使偶尔的探究教学,教师根本就没有强调对证据的利用和评价。

[①] Sandoval W A, Millwood K. The quality of students' use of evidence in written scientific explanations [J]. Cognition and Instruction, 2005,23(1):23−55.

综上所述,我们可以得出结论:高中生利用证据的能力普遍很差,学生利用证据的能力与学业成就无关,主要原因是当前高中未进行科学论证教学。

二、同一年龄阶段不同专业的学生利用科学证据能力比较

从表5-10可知,两个不同专业的大学生提出先决证据的人次分别为87和94,分别占学生假设个数的68%和69.1%,经检验,两个专业学生无显著性差异。这说明,两个专业的大多数学生都把已有的现象作为证据。在推测证据方面,两个专业的学生分别仅为10人次和13人次,分别占学生假设个数的7.8%和9.6%,化学专业的学生比数学专业的学生略高,但经检验,两个专业的学生无显著性差异($P = 0.616 > 0.05$)。这个结果说明,虽然化学专业学生经常做实验,也学过本调查的问题情境相关知识,但学生仍然不能写出推测证据。在"其他"方面,两个专业学生无显著性差异。

表5-10 同一年龄阶段不同专业的学生利用科学证据能力比较

类型	学生类型 人数(百分数)			P 值
	数学专业假设(128 个)	化学专业假设 (136 个)	均值	
先决证据	87(68.0%)	94(69.1%)	68.6%	0.841
推测证据	10(7.8%)	13(9.6%)	43.6%	0.616
其他	17(13.3%)	22(16.2%)	8.7%	0.508

经对化学专业的本科生进行访谈,学生实验课一般以验证已有理论为主,学生还未经历过以科学证据来验证假设的探究性实验。数学专业的本科生本身就很少有实验活动,数学推理虽然逻辑严密,但与实际情境相脱节。

综合以上论述,我们可以得出结论:大学生利用证据的能力较差,并与学生所学的专业、是否学过与问题情境相关的专业知识无关。

三、不同年龄阶段的学生利用科学证据能力比较

从表5-11可知,高中生在"先决证据""推测证据"和"其他"三种类型上都

和大学生的数据非常接近,经显著性检验,其 P 值都接近 1。这个结果表明,大学生和高中生利用证据的能力一致。前面的调查表明,大学生在协调假设与支持理论一致性方面要强于高中生,由于大学生调查的对象是数学专业本科生,数学专业的特点是更注重逻辑推理的严密与否,而且数学专业学生的年龄要大于高中生。但由此看来,超过 16 周岁的学生利用证据的能力与年龄无关。

表 5-11 不同年龄阶段的学生利用科学证据能力比较

类型	学生类型 人数(百分数)			P 值
	高中生(218 个)	数学专业假设(128 个)	均值	
先决证据	148(67.9%)	87(68%)	68.6%	0.988
推测证据	16(7.3%)	10(7.8%)	43.6%	0.996
其他	30(13.8%)	17(13.3%)	8.7%	0.900

四、进一步讨论

从上述数据可知,学生利用证据的能力很差,对其进行归纳和原因分析如下:

第一,学生假设的证据单一,证据不充分。当前大多数学生都以已有的现象(先决证据)作为假设的证据,占学生假设数量的 70% 左右。严格来说,仅以直观现象作为证据并不能支持理论或假设,因为观察渗透理论,即使同一现象,用不同的理论视角观察可以得出不同的结论。因此,要充分支持假设,必须要有不同类型的证据,比如推测证据、间接告知证据、反证证据等。如亨普尔所言,证据的种类越多样,给予假设的支持性就越强[1]。但经访谈得知,学生对证据的了解仅局限于已知现象,即使这些也是通过看侦察片得到。从调查分析可知,没有学生提出间接告知证据,很少有学生提出推测证据,说明学生根本就不会利用证据支持假设。这和我国当前学校理科教学方式有很大关系,有研究指出,即使是大学理科教学,教师也很少强调理论假设与事实证据之间的一致性,而是主要关注静态的科学知识本身的内在一致性,停留在普通逻辑推理的层面上,学生也没有

---

① 卡尔·G.亨普尔.自然科学的哲学[M].张华夏,译.北京:中国人民大学出版社,1986:36.

进行假言推理实际训练[①]。

第二,把观点和已有理论知识作为证据。调查表明,有部分学生不知道什么是证据,而是把观点和已有的理论作为证据。这个结论和杨燕等(2010)对高师理科生科学推理能力的研究结论一致。部分学生不看问题情境所包含的证据,而是靠回忆相关知识与推理背景相联系来回答问题。如有学生说,是不是铝不纯,是不是硫酸的氢离子浓度太小,其实,问题情境已经告知用的是纯净的铝片,稀盐酸和稀硫酸氢离子浓度相同,但学生不观察这些证据,说明学生不是靠证据来提出假设。

五、结论

通过上述数据分析和讨论,本节可以得出以下结论:

(1)大多数学生利用先决证据,极少数学生能利用推测证据,没有学生会利用多种证据提出假设,还有部分学生不知道什么证据。学生利用证据的能力很差。

(2)学生利用证据的能力与学业成就、年龄阶段、是否学过相关知识无关。

第五节　结论与思考

一、学生不能协调假设、证据和理由的关系

观察和假设并不存在完全的直接推理关系,因为一种证据可以作为几种假设的证据。因此,协调各种假设和证据的关系是科学探究的重要环节,也是衡量学生假设能力的重要标准。调查研究得知,有部分学生能提出假设,也有部分学生能写出假设的支持依据,很少有学生能写出假设的证据,大多数学生表现为证

110

① 杨燕,郭玉英,魏昕,等.高师理科教学与学生科学推理能力的培养[J].教育学报,2010,6(2):42-47,53.

据形式单一,证据不充分。能做到假设、证据和支持依据互相协调、互相支持的学生非常少,高中生、化学专业和数学专业的大学生分别仅有 5 人次、9 人次和 7 人次能达到这个要求,由于数量非常少,所以本章就没有单独进行分类比较和讨论。从这个结果可以看出,我国的学生并没有因为年龄的增长和升学等原因提高探究能力。这可能和我国理科教学方式有很大关系,在中小学科学教学中,尽管现在也倡导探究教学,学校都开设了一些实验,但真正围绕着假设,充分利用科学证据和支持理论来对假设进行辩论的教学模式非常少见,实验更多地是为了验证书本上现有的知识,而不是作为支持和反驳假设的证据。即便在高师理科教学中,假设演绎推理通常是命题推理,命题是一种理想化的情境,可以只通过逻辑分析而成功解决问题,根本不涉及实际情境中证据的使用。因此,在当前科学教学方式的影响下,我国各类学生都不能协调假设、证据和支持理由三者的关系就不难理解。

二、培养学生科学假设能力的思考

根据研究结果,我们可以得知,学生提出因果层级的假设的个数达到总假设个数的近一半,还有少部分学生能够提出抽象假设,这说明学生还是能提出一些合理假设的。但我们不能说学生的假设能力强,这是因为科学假设能力不仅包括科学假设能力的产品,还包括科学假设能力的内容、操作和自我监控等。比如很多学生不知道自己提出假设的依据是什么,更多的学生不能提供充足的证据支持假设。研究也发现了,即使高中生和大学生具备了相关的陈述性知识,但不能提出相应的因果假设。因此,我们要探讨培养学生科学假设能力的教学策略或模式,首先就要考虑科学假设形成的教学问题,通过科学假设形成的教学,让学生知道科学假设是怎么提出的、怎么思维、从何处着手提出科学假设。其次,仅考虑科学假设形成还不够,还应考虑培养学生的科学假设评价、写出假设支持依据(推理依据)和科学证据利用的能力,要探讨学生的假设、证据和理由三者协调能力培养的教学策略或模式。

第六章　科学假设能力培养的教学策略和模式建构

　　前面建构了科学假设能力结构模型,研究了不同年龄阶段学生科学假设能力的现状,本章将基于上述研究建构科学假设能力培养的教学策略和模式。本章包含科学假设能力培养的教学策略、科学假设形成的教学模式和科学假设论证教学三部分。科学假设能力培养的教学策略主要探讨科学假设能力培养教学的组织和实施,常依据具体的教学情境而发生变化。科学假设形成教学模式和科学假设论证的教学主要探讨科学假设能力培养的具体操作模式,具有稳定性。前者主要解决如何形成科学假设的问题,后者则更注重科学假设、支持假设的依据、科学证据三者一致性能力的培养。

第一节　科学假设能力培养的教学策略

　　教学策略有广义和狭义之分,广义的教学策略既包括教的策略,又包含学的策略,狭义的教学策略仅指教的策略,本部分内容主要指狭义的教学策略。即便狭义的教学策略,不同的学者对其定义也不相同。和学新认为,教学策略是为了达成教学目的、完成教学任务,而在对教学活动清晰认识的基础上,对教学活动进行调节和控制的一系列执行过程[①]。黄甫全、王本陆认为,教学策略是在某种

① 和学新. 教学策略的概念、结构及其运用[J]. 教育研究,2000(12):54–58.

教育观念指导下的体现教学目标、原则、方法、媒体、组织形式、手段等一系列预设行为的综合结构。从上述定义可知,教学策略是教学设计的一部分,是在特定教学情境下,为完成教学目标而进行的教学谋划和采取的教学措施。教学策略不同于一般的教学理念、教学原则,虽然教学策略要在一定的教学观念的观照下,但它还具有可操作性的本质属性。教学策略也不同于教学方法,教学策略比教学方法要高一层,它规定和支配着教学方法的选择,另外还包括对教学组织形式、教学内容的安排及教学程序的设计[①]。以下将重点探讨学生科学假设能力培养的课程内容呈现、组织和实施策略。

科学假设能力培养的教学策略的理论依据是溯因推理理论。溯因推理是有效利用推理者的原有知识经验来解释未知问题的一种推理方式。根据溯因推理理论、脑科学研究成果和元认知等理论,我们建构了科学假设能力结构模型。因此,科学假设结构模型也是建构科学假设能力培养的教学策略的依据。以下是具体的科学假设能力培养的教学策略。

一、选择适合学生年龄阶段的探究问题和课程内容

任何科学探究都离不开假设环节,因为人们在探究中提出问题、设计实验等步骤其实就包含着观念,即科学假设。根据科学假设能力的结构模型,年龄阶段是科学假设能力的内在环境,它使科学假设能力具有一定的层次性,是内因。因此,问题要适合学生提出假设的年龄阶段。英国的国家科学课程目标将学生的科学假设能力的发展分为三个阶段:第一个阶段(幼儿园至小学低年级)应知道在决定做什么之前先想一想可能会发生什么;第二个阶段(小学中年级)当决定做什么的时候,想一想可能会发生什么,要收集什么样的证据,需要什么设备和材料;第三个阶段(小学高年级至初中)能够自己判断探究的方向,并提出假设及预测[②]。因此,探究问题的设计必须根据上述分类,不断创设"最近发展区",同时营造民主宽松的环境,使学生科学假设能力螺旋式发展。

对小学低年级学生而言,应选择一些涉及宏观的事实和具体的现象来设计

① 肖刚.教学策略的内涵及结构分析[J].高等师范教育研究,2000,12(5):48-52.
② 张红霞.科学究竟是什么[M].北京:教育科学出版社,2003:59.

问题,问题开放性宜小不宜大,一般是简单事实性问题或经验性问题。如"是什么"的性质问题,这类问题包括:"这个或这类事物(现象)是什么""这个袋子中的东西是什么""这里有什么"等。这个时候学生只是提出猜想,仅涉及对现象的观察和描述,并不涉及严格的假设。随着学生年龄的增长,问题的开放性逐步增大,对小学高年级的学生而言,可以提出一些涉及简单变量关系的问题,如声音是如何产生的、食盐能否无限溶解于水等。对中学生来说,可以设计"为什么"的性质问题。这类问题是在经验事实的基础上提出的,其目的是寻找事物与现象之间的因果关系,提供对经验事实的理论解释。实际上,科学家提出的科学问题一般指"为什么"这一类解释性的问题,如"为何铁在潮湿的空气中容易生锈"。对于更高年级的学生,比如高中生或大学生,探究的问题可以涉及比较抽象的理论思维和需微观表征的假设成分。

课程内容也要与学生的年龄阶段相匹配。2011 年美国《科学教育的框架》规定,应按儿童年龄阶段来组织科学教学内容。在 K - 2 年级,我们选择学生能直接体验和调查的现象的理念。在 3 ~ 5 年级,我们关注无形但主要仍是宏观的实体,例如物体或地球的内部是什么,通过这些实体,儿童将会有一点直接经验。当介绍微观的实体时,重点不放在了解它们的大小上,可用图片、物理模型等代表实体,并将它们与学生能调查和阐释的现象联系起来。在 6 ~ 8 年级,我们将重点转到原子水平的物理现象的解释和细胞水平的生活过程和生物结构的解释,但不详述一个原子或细胞的内部活动。最后,在 9 ~ 12 年级,我们转向亚原子和亚细胞的解释。我们也列入一些"边界声明",来指定学生所期待了解的细致程度,但是标准仍将需要进一步描述这些边界①。

因此,在培养学生科学假设能力时,我们应该这样设计课程内容:针对学前和小学阶段的学生,应设计涉及具体的实物操作的课程内容,引导他们在操作中提出猜想,这里的科学假设只涉及简单的变量关系。初中阶段的学生也要以直观的自然现象为主,可以涉及一些抽象性的科学概念,引导他们用科学语言论证假设中的变量关系,针对不可观察的因素尽量用可观察的实物来比喻,如用水流、水压来比喻电流和电压。高中阶段及以上的学生可以涉及理论假设的课程

---

① National Research Council. A framework for K-12 Science education: practices, crosscutting concepts, and core ideas. [S]. Washington D. C; The national academies press, 2011.

内容,除让他们用可观察到的经验来解释问题外,还必须引导他们用微观、符号模型、科学理论来解释宏观自然现象。

二、把握好问题情境与学生已有知识经验的相似度

根据溯因推理理论,科学假设是推理者利用原有知识和经验形成的,可以说,原有知识和经验是科学假设形成的必要条件。但前面的研究表明,即使具备原有知识和经验,不同年龄阶段的学生溯因推理能力仍有较大的差异,年龄越大,溯因推理能力越强。比如小学六年级的学生不能提出影响单摆运动速度的合理假设,是因为问题情境和小学生原来遇到的经验情境有差异。所以在教学中把握好问题情境与学生原有知识和经验的相似度,是学生假设能力培养的重要教学策略。

莱布尼茨说过,自然界是相似的。如果自然界不存在相似性,那就不会有任何科学知识和理论,而科学需要相似性。科学假设就是推理者在研究原有经验与问题情境相似度的基础上形成的一种创造性成果。问题情境与经验情境相似度越高,人们就越容易形成假设,因为在自己非常熟悉的理论框架内选择一种或几种知识来对问题进行解释是件得心应手的事情,这就是人们日常生活常用到的选择性溯因。问题情境与经验情境相似度越低或完全为异常现象时,如果在推理者已有的理论框架中无现成的知识直接拿来形成假设,而需要通过创造性溯因形成解释的话,那么这个过程就变得复杂,科学家就是从事这种复杂的工作的。

因此,对教师来说,虽然探究教学模拟的是科学探究的精髓,但也要考虑到学生的知识经验和年龄阶段有个循序渐进的过程。对知识经验比较欠缺的小学生、初中生而言,问题,即困难的情境必须和学生曾经经历过的情境有足够的相似之处,使学生对处理当前这个情境的方法有一定的控制能力[1],最好是让学生应用选择性溯因提出假设。对更高年级的学生而言,可以设计一些异常的问题情境,这个异常也有个度的问题,最高层次的异常是学生完全没有经历过的现

---

① 约翰.杜威.民主主义与教育[M].王承绪,译.北京:人民教育出版社,2001:172.

象,需要对原有知识进行颠覆和否定,创造新的理论才能形成对异常现
设。比较低层次的异常现象是学生可以对原有知识进行创造性重组形成假设。
当然问题情境与经验情境的相似度并不是两个极端,而是一个从高到低连续的
过程,教师应根据学生已有的经验进行设计和把握。

三、尽量让学生经历深层次的假设思维活动

在科学教学中,学生浅层次的科学假设思维或"伪科学假设"的现象比比皆
是。如果教师了解科学假设的能力结构、科学假设形成的思维过程,就可以设计
一些让学生思维深度参与的科学假设活动。科学教学中能引发学生进行假设的
内容有各种类型,包括对事物形态、性质的假设,对事物变化过程的猜测和对事
物因果关系的假设;可以是对事物或发展过程规律性的假设;也可以是对解释自
然规律的高层次理论的假设[①]。这些假设活动的类型涉及的思维深度逐渐增
加,其基本层级如图 6-1 所示。

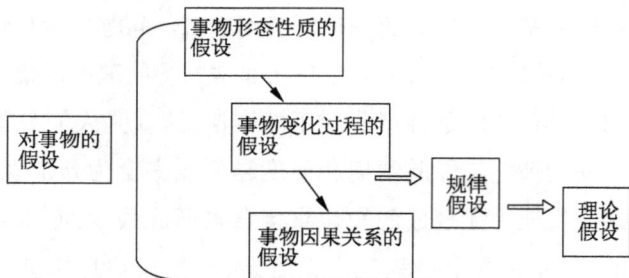

图6-1 科学假设活动分类及思维层级

例如,事物形态性质的假设就需要较浅层次的思维,如对硫酸氢钠酸碱性的
猜测,这不需要借用太多的相关经验就可以准确猜测。科学教学中并不是不需
要这些涉及浅层次假设的探究内容,但理论性探究应在课堂探究活动中占据主
导位置[②],科学教学的主要目标就是帮助学生建构和不断改进自己的科学理论,
学生原有的理论可以通过科学假设的形成呈现出来,不断对学生的科学假设进

---

① 李艳梅.科学哲学视域下反映真实科学的理科教学策略研究[D].长春:东北师范大学,2009:130.
② 唐小为,丁邦平."科学探究"缘何变身为"科学实践"?——解读美国科学教育框架理念的首位关键词之变[J].教育研究,
　2012(11):141-145.

行论证是学生建构科学理论的主要方式。每个学生在学习任一科学概念之前都有自己的观念,科学探究教学就是要了解学生科学观念(假设)的形成和发展过程:学生的科学假设从哪里来,能否解释自然现象,是否有充分的证据支持,理论依据是什么,推理是否严密等。通过这些过程,学生的科学观念不断发生变化,从而理解科学的本质。因此,尽量让学生经历深层次的假设思维活动是培养学生科学假设能力的重要教学策略。

四、加强科学解释教学

前面的研究表明,学生提出的科学假设要么证据不充分,要么支持依据错误,学生很难协调科学假设、证据和支持依据的关系。科学解释是培养学生协调观念、证据和理论依据的重要手段。科学的解释就是把现有的科学知识和来自观察、试验或模型的新证据组合成具有内在一致的、符合逻辑的说明[①]。因此,令人信服的科学解释应以证据为基础,同时拥有符合逻辑的论据。我们采用"假设""模型""定律""原理""理论"和"范式"之类的不同术语来描述各种类型的科学解释。科学研究的实质是对科学问题的解释活动,只不过有些科学解释是成功的解释,无须验证,而有些科学解释还有待证实,假设是有待证实的科学解释,还有一些建构的科学模型也有待证实,这种模型也可以称为假设。合理的科学解释和合理的科学假设的评价标准是一致的,比如都要依据证据,都要求符合逻辑,都要用科学知识和科学语言表达。因此,为了培养学生的科学假设能力,必须常让学生对科学问题进行科学解释活动。

第一,充分利用科学证据进行科学解释。科学证据既可以支持科学解释,也可以证明科学解释。证据可以通过一定的理论分析得到,再进行证明,也可能是某一个别事实的陈述,即经验陈述。比如"为何车胎在烈日下会爆胎",有学生认为是车胎的空气过多所致,也有学生认为是温度升高,气体压强增大所致,前者是根据自身经验,而后者是根据理论推测。证据本身是理论负载的,从实验得出的数据、现象等本身并不是证据,只有用一定的理论和方法处理过后才能称为

---

① 美国国家研究理事会. 美国下一代科学教育标准[S]. 戢守志,金庆和,等译. 北京:科学技术文献出版社,1999:107.

证据。不过,由于科学证据范围包括先决证据和推测证据、直接证据和间接告知证据等,因而充分利用各类证据来提出科学解释就显得非常重要,因为单一的证据的说服力是薄弱的。教师的作用不是告诉学生答案,而是依据学生的观点帮助学生搜寻证据。

第二,要引导学生从不同的角度,运用不同的理论对问题进行解释。教师应设计一些一果多因的问题,对同一现象,引导不同信念背景的学生给出不同的解释。科学解释的多样性可培养学生结构化知识,增强学生从多个视角思考问题的能力,换言之,多样性的解释能培养学生的假设能力。如将水加入盛有 Na_2O_2 固体的试管中,待形成溶液,滴加少量酚酞试液,溶液先变红,半分钟内褪为无色,为何? 成功的科学解释:酚酞变红是因为生成了 $NaOH$。有待验证的科学解释(假设):酚酞褪色可能是生成的 H_2O_2 的作用,也可能是溶液中 $NaOH$ 浓度过大。这两类科学解释都有利于学生形成结构化知识,提高学生从多视角分析问题和解释问题的能力。

第三,学习者对各自的解释互相评价、论证。心理学研究表明,如果要使信息保持在记忆中,并与记忆中已有的信息相联系,学习者必须对材料进行某种形式的认知重组或精制[①]。精制的最有效方式之一是向他人解释材料,在表达与倾听的过程中,不仅有利于被指导者,更有利于指导者。因此,同伴间互相评价各自的科学解释有利于暴露思维缺陷,找出其中的不足,从而促进科学观念不断转换。另外,还应注意,虽然对同一现象,不同的人有不同的理解,但人们还是认为世界具有客观性,学习者对各自的解释的评价和论证涉及解释的客观性问题,这就要求学生在解释和评价中坚持一定的科学判断标准,追求科学解释的逻辑一致性。

五、使学生形成结构化知识,增强其提取知识的能力

谈到科学假设能力的培养,人们首先想到的应是加强基础知识的教学,因为基础知识是科学假设产生的原材料。但学生不能提出合理的假设,往往并不是

① 刘电芝,王秀丽. 国外关于群体认知过程的研究——合作学习研究的新思路[J]. 全球教育展望,2008,37(3):41-45.

因为缺乏相应的基础知识,而是不能准确地提取相关知识[1]。能顺利提取相关知识形成假设是溯因推理成功的重要标志。因此,笔者认为,科学假设能力的内容不仅包含基础知识,还应包括学生对科学问题的理解并具有结构化知识。也就是说,知识在头脑中杂乱无章地堆积是不能被提取的重要原因。

专家和新手的知识结构的区别能为我们提供借鉴。专家的知识是围绕着核心概念或"大观点"(big ideas)组织起来的结构性的知识,并不是事实知识的堆积,或者毫无联系的知识点的罗列。在专家的知识结构中存在着大量彼此联系的概念模块,这些模块是采用有意义的联系方式将各种相关的成分围绕基本概念和原理组合成的相关单元[2]。因此,当面对新异的情境时,专家能够采用组块策略,将知识结构中不同的知识模块组织起来解决问题。专家的知识又是与解决具体问题相关的,也就是受一定环境制约的条件化知识,是具有特定情境的。因此,当解决具体问题时,专家才能熟练提取相关的子集知识。

因此,需要培养学生把不同知识进行关联的能力。当学生面临异常问题情境,要使学生能提出合理科学假设,就必须使他们形成结构化知识,并使知识条件化。形成结构化知识的方式是使不同知识间互相关联,只有关联才会产生意义。因此,在课程和教学设计时,应将新概念与学生已有的概念相联系或比较,将不熟悉的信息与熟悉的信息相挂靠。

【案例6-1】　苯分子结构的探究教学

学生已经知道:由不饱和度确定有机分子结构的方法,双键、三键等知识。

学生需要学习的新知识:大π键、介于单键和双键间的一种独特的键,苯具有的一些化学性质等。

教师:可以让学生利用已有的概念提出苯分子结构的各种假设,然后对这些假设进行论证和实验验证。

学生重新学习新的概念:把苯分子的结构与烯烃和炔烃的结构进行比较,进一步认识苯分子的特殊结构。这样学生就形成包含双键、三键和苯分子独特键之间区别和联系的知识网,在遇到相关问题情境时能够做出判断。

将不同知识关联的另外一种方式是使用概念图策略。概念图策略是指学习

---

① 许应华.高中生提出假设的质量水平的调查研究[J].上海教育科研,2007(7):45－47.
② 高文.人是这样学习的——有关学习研究对象的拓展[J].全球教育展望,2005(11):45－49,38.

者按照自己对知识的理解，用结构网络的形式表示出概念的意义及其他概念之间的联系的一种策略。一个完整的概念图包括命题、层次等级、横向联系和实例4个方面①。教师可以让学生围绕着某个概念绘制概念图，讨论学生绘制的概念图概念连接、命题、实例等是否科学并给出理由。通过对学生绘制的概念图的讨论，能增强学生对知识的理解，了解知识间的联系，从而形成结构化知识。

第二节　科学假设形成的教学模式

教学模式是在一定的教学思想指导下建立起来的比较稳定且简明的课堂教学结构。与教学策略相比，教学模式更具有稳定性，是某种教学的标准形式，一经确定就很难更改。教学策略则更灵活，常根据实际情况对教学内容、方法、教学组织形式进行补充、调整，包括对教学模式进行选择。前面的调查表明，学生不会提出科学假设，原因是学生不知从何着手，怎么思维。因此，有必要建构科学假设形成的教学模式。

一、主要理论基础

（一）溯因推理理论和科学假设能力结构模型

科学假设形成的教学模式的主要理论基础是溯因推理理论和科学假设能力结构模型。溯因推理理论表明了科学假设形成的逻辑，也就是说，在建构科学假设形成教学模式的操作程序时，必须遵循溯因推理逻辑。溯因推理的主要特征是利用认知的相似性，其中，包括选择性溯因和创造性溯因两种类型。因此，科学形成教学模式必须体现学生形成假设时利用相似性的操作，还要体现溯因推理的选择性和创造性的特点。科学假设能力结构模型表明了科学假设能力的构成要素和科学假设形成的具体思维过程，这些都是建构教学模式的理论基础。

① 王磊. 科学学习与教学心理学基础[M]. 西安:陕西师范大学出版社,2002:59.

（二）建构主义理论

建构主义是 20 世纪 80 年代出现的一种新的认识论和哲学理论,并引起了一次重大的教育和心理观念与实践的革命。以下建构主义的基本观点是科学假设形成教学模式的理论依据。

（1）学生的认知发展遵循一定的阶段。皮亚杰早在 1952 年提出"儿童的认知发展"理论,认为儿童的认知发展是按阶段划分的,不能跨越,也不能颠倒[①]。儿童只有到形式运算期才能形成对科学现象的假设检验能力。劳森(Lawson)在皮亚杰的理论基础上,对学生的认知发展进一步做了划分,前面已做论述。

（2）强调学习者的经验。学习者在学习科学前就有相关的前概念,且存在个体差异。学习是一种通过反复思考招致错误的缘由、逐渐消除错误的过程。若要消除这些错误,需要有进行推理的认知能力。这些推理是通过自我调节过程产生的,而不是通过记住别人所给的答案而发生的[②]。

（3）强调学生的主体作用。学生是在与周围环境相互作用的过程中,逐步建构起关于外部世界的知识,从而使自身认知结构得到发展。知识是主体自己建构而获得的,并不是从外部直接灌输给个体的。

（4）强调情境的创设。应创设能引起认知冲突和有利于学习者共同建构知识的情境。学生在解决认知冲突、消除认知心理的不平衡过程中,学习就产生了,认知冲突的解决能引起学生原有认知结构的变化。另外,科学知识的学习是一种社会建构,因此,必须创设有利于学习者共同建构知识的情境,尊重学习者各自的观点,通过共同协商达成共识。

（5）注重合作互动的学习方式。科学探究的本质是一种社会活动,是科学共同体的成员对自然现象做出解释,通过会话对各自的解释进行评价、批判、挑战和修正的过程,以此促进科学不断发展。因此,应注重学习者间的沟通与合作,在交互质疑和辩论过程中消除学习者各自的疑惑,并逐渐形成能被学习共同体认同的科学知识。

---

① 皮亚杰. 发生认识论原理[M]. 王宪钿,等译. 上海：商务印书馆,1981.
② 施良方. 学习论[M]. 北京：人民教育出版社,2001：185.

二、科学假设形成教学模式的操作与实施步骤

（一）科学假设形成教学模式的操作流程

心理学理论告诉我们，能力的培养必须通过相应的活动，探究教学又要反映科学研究的核心步骤和灵魂。因此，科学假设能力的培养必须让学生模拟科学家形成假设的思维活动，在假设活动中培养能力。科学假设形成教学模式的操作流程是基于科学家提出假设思维的具体过程、脑科学处理假设的逻辑过程和溯因推理理论来设计的，并将建构主义教学理论贯穿其中。其基本操作流程如图 6-2 所示。图中的各个步骤都互相关联，元认知监控始终起作用，"↔"表示各步间的关联。

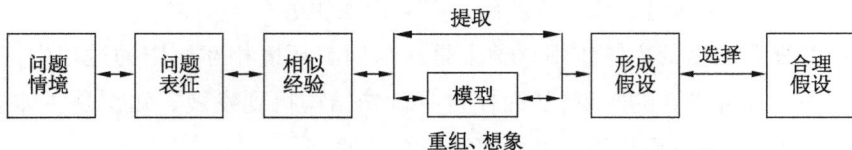

图 6-2　科学假设形成教学模式的操作流程

（二）科学假设形成教学模式的实施步骤

1. 创设问题情境

知识是个人和社会或物理情境之间联系的属性和互动的产物，学习不仅是获得一大堆事实知识，学习还要求思维和行动，要求将学习置于知识产生的特定物理或社会情境中[①]。因此，教师应创设包含真实事件和真实问题的情境，因为一切有意义的活动都是真实的，真实的活动也能激活学生已有的知识和经验。这个问题情境还必须符合学生的年龄阶段和知识基础，包含着要学习的科学内容，并且情境应是开放的，以保证学生能提出多种假设，此外，问题情境中还必须包含支持多种假设的多种证据。

2. 问题表征

面对真实和开放的问题情境，首先要进行的是问题表征，即识别问题。由于

① 　高文. 情境学习与情境认知[J]. 教育发展研究,2001(8):30－35.

个人的观点不同,问题表征的视角也不一样,但无论基于什么观点,学生必须识别问题中的已知状态、目标状态,了解问题的实质,找出问题的证据、问题中存在的变量关系等。问题表征的深度直接影响学生提出假设的质量。

3. 寻找相似经验

基于问题表征,学生首先是在大脑里的长时记忆中找与问题情境相匹配的经验现象。科学家面对自然现象能迅速做出解释,是因为他们大脑中的知识丰富,且知识间已经形成网络,所以匹配迅速。这个时候教师应充分发扬民主,鼓励学生大胆提出自己遇到过的相似情境。如果遇到的是异常情境,一些学生可能不知从何着手,这时教师应提供支架,比如帮助学生把相似的经验加以改造,进行重新组合,创造出与问题情境相似的原型,这就是模型。

4. 形成假设

这一步先要求学生寻找相似经验现象的因果解释,然后借用这个因果解释对问题情境提出假设。这个步骤分为两种情况:一是问题情境与经验情境相同或大部分相同,学生完全可以从已有的知识经验中选择一种或几种来形成对问题的假设。但前面的研究表明,学生虽然有一些与问题情境相匹配的原型,比如具备陈述性知识,但仍然不能提出假设。这是因为形成假设的过程比较复杂,除了能顺利提取相似经验外,学生还要充分考虑问题情境中的证据、问题情境与经验情境的差异。二是问题情境与经验情境不相同或问题情境比较复杂时,学生对欲求的因果机制知之甚少,只能先根据观察结果和原有的知识经验,建构出某自然现象产生原因的解释模型[①],再使用建构的模型对问题做出假设。相对于第一种情况而言,先建构模型再形成假设难度更大,学生需要对原有知识进行重组和想象,当面对涉及不可观察的复杂情境,还需要对隐含在可观察现象下的,通常是不可观察的因果过程或结构进行理论探讨。无论是哪种情况,在提出假设的过程中,学生都会充分暴露出各种模糊的、错误的观念和认识或推理的局限。

5. 选择合适的假设

通过前面的一系列思维过程,学生提出了一些假设,这些假设都有一定的合

---

① 钟媚,苏咏梅.模型建构式探究:科学教学改革的新路向[J].外国教育研究,2012(10):42-49.

123

理性,但也存在很多问题。比如假设的知识依据错误,假设和证据不相符,假设与证据、理论依据三者不协调。这些假设反映了学生已有的观念(不论是否正确)和认知框架。按建构主义的观点,学生的这些原有观念是接受和理解科学概念和知识的坚实基础。通过学习共同体的辩论、沟通,学生意识到自己的缺陷,自身对原有的错误观念进行修正,完善认知结构。最后,学习者共同协商出一些合理的假设并进行验证。

三、科学假设形成教学模式的案例设计

上述模式是根据科学家提出假设的过程,结合建构主义教学理论而提出的。探究教学毕竟不同于科学家的探究,学生探究的目的不是发现新知识,而是更好地理解科学,学会像科学家那样思考问题。因此,在具体实施科学假设形成教学模式时应注意一些要求。比如,根据学生的年龄阶段设计问题,问题要来自学生的生活,并包含教学内容。对年龄小的学生要用选择性溯因来形成假设;对年龄较大的学生可以设置一些需要创造性溯因的问题。在实施过程中,教师应创设民主开放的氛围,组建学习小组,尊重学生的想法。同时,教师应提供支架,如创设适宜的情境引导学生提出观点,鉴定学生的观点和思路的正确性,让学生探讨自己观点的合理性,提供刺激使学生发展、修正或改变自己的观点。以下是在建构主义理论观照下,科学假设形成教学模式的案例设计。

【案例6-2】 "质量守恒定律"探究教学设计

教师引入一些化学反应图片来创设问题情境,同时提出"我们是否可以像拉瓦锡一样从量的角度来探讨化学反应"的问题。

引导学生提出核心问题:反应后生成的物质质量总和和参加化学反应的物质质量总和存在什么关系。

问题表征:问题的已知状态为参加反应的物质质量总和、生成物的物质质量总和。

问题的目标状态:两者是否相等。

引导学生用头脑风暴法寻找经验现象:如蜡烛燃烧、铁生锈、铁与硫酸铜溶液反应等。

要求学生对经验现象做出科学解释:如蜡烛燃烧致质量减少,原因是生成了水和二氧化碳等物质排放在空气中;铁生锈致质量增加是因为铁吸收了空气中的氧气和水。如学生的解释不正确,教师可以引导学生用所学的知识、实验等各种方法纠正。

把经验现象和核心问题进行比较:如对于蜡烛燃烧,参与化学反应的物质是蜡烛和氧气,生成的物质是水和二氧化碳;对于铁生锈,参与化学反应的物质是铁、水和氧气,生成的物质是铁锈。

借用经验现象的因果解释提出假设,选择合理的假设。学生可能提出"质量增加、减少、不变"三种假设。选择合理科学假设的标准是这个假设既要包含核心问题所指示的变量关系,又要符合经验现象的科学解释。通过对经验现象和核心问题的比较分析,师生可以发现前两种假设不符合这个标准。以铁生锈为例,"质量增加"的假设就没有考虑参加化学反应的物质还有氧气和水这两个变量,因此,"质量不变"的假设最符合此标准,即参加化学反应的三种物质质量总和很可能等于生成铁锈的质量,所以我们选择"质量不变"作为最合理的假设。

最后,师生共同设计白磷燃烧、铁与硫酸铜溶液反应的实验进行验证。

可以发现,我们常见的探究教学设计与上述案例有重大区别。常见的探究教学设计也要求学生提出"质量增加、减少和不变"三种假设,但这些假设只是摆设,教师在这个环节并没有认真去探究学生为何提出这些假设,如何纠正学生不合理的假设和存在的模糊观念,而是放在实验设计环节中探讨这些问题。换言之,当前的探究教学设计忽略了学生产生假设的环节。因此,必须把科学假设思维过程融入探究教学中,使学生掌握科学假设形成的思维过程,从而体现探究的真实性。

第三节　科学假设论证教学

前面的研究表明,学生的科学假设能力、写出假设依据的能力、证据的利用能力都比较差,尤其是学生提出的科学假设、科学证据和假设的支持依据三者之间不能一致。因此,有必要建构培养学生协调假设、证据和理由三者关系的教学模式。源自于科学论证教学的科学假设论证教学能达到这个目标。

一、理论依据

(一)社会建构主义教学理论

社会建构主义认为,儿童的发展是生物因素和社会文化环境互相作用的结果,且社会互动是个体知识发展的首要因素。在发展与教学关系方面,维果茨基认为,教学不仅能跟随发展,还能与之齐步并进,而且走在发展的前面,将它推向前进,导致新事物的产生[①]。为此,维果茨基提出"最近发展区"的概念,要使学生顺利通过最近发展区,必须强调联合活动在意义建构中的作用,即能力较差的儿童能够通过合作学习及在能力较强的他人的帮助下得到发展。儿童间的合作活动之所以能够促进成长,是因为年龄相近的儿童可能在彼此的最近发展区内操作,表现出较单独活动时更高级的行为。因此,社会建构主义理论是科学假设论证教学的理论依据。

(二)科学论证教学理论

科学论证是共同体围绕某一论题,利用科学的方法收集证据,运用一定的论证方式解释、评价自己及他人证据与观点之间的相关性,促进思维的共享与交锋,最终达成较为可接受结论的活动[②]。科学研究的核心活动就是科学论证,即用可得的证据评价科学假设,而科学家的工作就是决定哪一个假设是对自然界的特定现象最有说服力的解释。图尔敏(Toulmin,1958)是最早提出科学论证的学者,他认为一个完整的论证过程由以下要素组成:① 主张(claim),由资料推论而产生;② 资料(data),是指从外在现象收集到的证据;③ 论据(warrant),指的是做推理时的依据;④ 支持理论(backing);⑤ 这个主张的限制和例外情况即反例(rebuttal)组成。他以"哈利是英国人"为例来说明其论证模式。哈利是英

① 余振球.维果茨基教育论著选[M].北京:人民教育出版社,2005:228.
② Newton P, Driver R, Osborne J. The place of argumentation in the pedagogy of school science[J]. International Journal of Science Education,1999, 21(5):553 –576.

国人(主张),证据是他生于百慕大,论据是生于百慕大的人一般都是英国人,支持理论是条文和法律的规定,例外的情况是哈利的父母是美国人或外星人①。图 6-3 是图尔敏的论证模式。

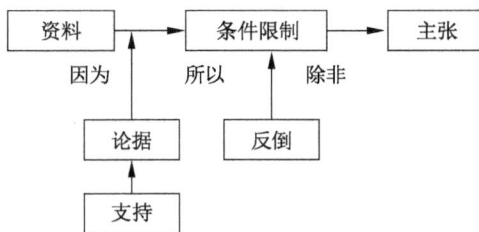

图 6-3 图尔敏的论证模式

科学论证与科学教育密切相关,是因为科学探究是产生与调整假设、信念和行为,以了解自然的活动②。论证是科学研究的中心工作,当然也应该成为科学教育的核心,理解科学论证能使学生理解真实的科学实践③。因此,很多科学教育学者将图尔敏的科学论证理论和模式引入科学教育。最早提倡的是纽顿(Newton)等,他们认为,学生参与科学论证不仅能建构科学概念知识,还能获得民主社会的必备技能。换言之,透过论证在科学课堂上的实施可以让学生理解知识是如何产生的及它的合理化的过程④。本节将科学论证理论作为建构科学假设论证教学的依据。

二、科学假设论证教学含义与要素

我国传统的探究教学只有形似而神不似,究其原因是过于注重探究技巧的掌握和对已有理论的证明,缺少的是学生自主建构想法并进行理性磋商的过程⑤。这个想法表现为科学假设或科学解释。科学教育的目的是让学生经历真实的科学,从而理解科学的本质。科学研究活动的实质是对科学假设的辩护和

① Toulmin S. The uses of argument[M]. Cambridge, England: Cambridge University Press, 1958.
② Jimenez-Aleixandre M, Rodriguez A, Duschl R. "Doing the lesson" or "doing science": argument in high school genetics[J]. Science Education,2000, 84 (6):759-792.
③ Erduran S, Jimenez-Aleixandre M. Argumentation in science education[M]. New York: Springer,2008.
④ 王星桥,米广春. 论证式教学:科学探究教学的新图景[J]. 中国教育学刊,2010(10):50-52.
⑤ 唐小为,李佳,宋乃庆. 课堂科学辩论实施探究——以中美中小学科学课堂案例比较分析为例[J]. 课程·教材·教法,2012,32 (5):105-110.

反驳的过程,这个过程可以使学生逐步掌握科学假设思维,增强对科学证据利用和辨别的能力,理解科学假设应与证据和理论依据相匹配的思想。简言之,论证可使学生提出合理的科学假设,从而提高学生的假设能力。因此,模仿科学共同体的辩论活动是学生科学假设能力得以提高的途径。

基于科学论证理论,科学假设论证是指学生在教师的指导下,对所提出的科学假设进行的各种辩护、反驳、质疑等,最终通过协商达到共同意见的活动。由于考虑到学生对图尔敏论证模式的词汇理解有限,努斯鲍(Nussbaum,2002)提出在科学教学中可以将其修改为主张、证据、例外、原因与理由等学生可以理解的词汇[1]。本书根据参照科学假设论证的特点,将科学假设论证模式的词汇修改为"假设、证据、理由、原因(推理)、反驳"。

台湾学者洪振方(1994)将论证定义为"提出足够形成推论判断的证据,以形成主张的过程",而这个过程又可以分为"与自己对话"和"与他人对话"的论证区分[2],即"个人科学论证"和"群体对话科学论证"。由于个人的知识经验有限,因而个人的假设论证可作为初步的。据此,科学假设论证也分为"个人初步科学假设论证"和"群体对话假设论证"两个部分。前者属于科学假设论证的初级阶段,是对假设进行自我评价的阶段,是个人经过权衡、评估和选择各种不同理由、证据和假设之后而推论出自己认为最合适的假设;而后者是学习共同体对多种科学假设进行评价,成员以证据和理论作为支持假设的根据,进行对自然现象与过程成因的解释,彼此相互检视、批判和反思的过程,这个过程可以视为一种社会化的、有理智的、言语性的活动。无论是个人初步科学假设论证,还是群体对话科学假设论证,其基本要素都应包含假设、证据、推理(理由)和反驳4个要素。其中,假设是学生面对异常现象,提出的一种或几种可能性科学解释;证据是指观察到的数据、现象、各种变量之间的差异等;理由是假设提出的科学知识依据和理论依据;推理是指证据和理论是如何联系起来支持这个假设的;反驳是指假设不成立的证据和推理。这里需要指出的是,把推理和理由放在一起的原因是一些假设的提出可能仅仅需要推理,因为这时探究者缺乏相关的理论知识,只能靠推理和证据提出假设。

① Nussbaum M E. Scaffolding argumentation in the social studies classroom[J]. Social Studies, 2002,93(3):79-83.
② 洪振方. 从 Kuhn 范例的认知与论证探讨科学知识的重建[D]. 台北:台湾师范大学,1994.

其基本过程可用图 6-4 表示。

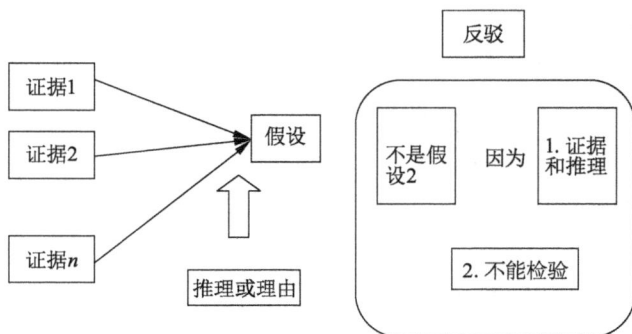

图 6-4　科学假设论证过程框架

三、科学假设论证的初级阶段——溯因论证

科学假设的提出是一个伴随着思维不断地监控、调整、评价和选择的过程，这个过程使学生克服了思维的盲目性，保证了假设结果的科学性和合理性。引导学生对自己所提出的假设进行评价是提高监控意识的途径。通过评价，学生可以发现假设思维过程中的缺陷，从而在不断的反思中提高自己的科学假设能力。评价内容为假设与问题的相关性、证据和理论的符合程度、提出的假设是否与已有的知识经验相冲突、是否可以检验、假设的预见度如何。

溯因论证是评价假设合理性的重要方式。它是一种弱的假设检验方式，用于至少保证所提的假设能解释令人迷惑的现象及由此得出推论的可检验性。这种论证方式属于科学假设论证的初级阶段，可应用于个人科学假设论证。根据科学假设论证的四要素，科学假设溯因论证的基本操作程序为：如果这个假设合理（对应假设），而且也观察到证据（资料或证据），并且这些证据与已有的知识经验相符合（理由），然后，由此假设可以得到一些可以检验的推论（如果不符合，则属于反驳），因此，该假设是合理的。

【**案例 6-3**】　教师提供"把点燃的蜡烛用一个倒扣的玻璃杯罩住，然后压入水中。蜡烛熄灭之后，为何杯子里的水面上升？"这一问题情境，要求学生对所提出的假设进行溯因论证。某生的假设：玻璃杯中的氧气被消耗。溯因论证如

129

下：如果是"玻璃杯中的氧气被消耗"的假设,且观察到玻璃杯中气体减少的证据,已有理论是气体减少导致压强变小而水面上升。然后,由此假设可以推测,即使在玻璃杯中放两根、三根或更多点燃的蜡烛,玻璃杯中水上升的高度应一致,该推论可以检验,所以此假设是合理的。

四、群体对话科学假设论证

群体对话科学假设论证可以视为一种社会性的对话活动,社会建构主义理论是其理论依据。达西尔和奥斯本(Duschl & Osborne,2002)探讨了对话论证的本质,他们认为论证就是将证据和理论糅合在一起建构出科学解释过程,科学解释有时可以称为科学假设,科学解释的建立是迂回曲折的,又是充满谬误的,必须通过对话才能将科学解释与证据一致,消除谬误,最终参与者都获得新的知识和最好的概念理解[①]。因此,科学学习包括"人们进入不同的思维方式和解释自然的方式""学会用科学共同体的思维方式、辩论方式",也就是说,科学学习就是继承科学文化的活动。社会建构主义认为,学习者的知识是在一定的情境下,借助他人的帮助如人与人之间的协作、交流、利用必要的信息等,通过意义建构而获得。也就是说,在对话假设论证时,学生会在头脑中同时形成不同的假设,互相进行辩论、反驳和衡量,在这样的过程中学生能辨别不同的假设,且根据证据和已有的理论协商出最佳的假设,从而建构知识[②]。众多研究表明,对话论证在科学教育中有重要的意义和价值。从认知的观点来看,学生在论证过程中,必须面对其他成员阐述自己的观点,这样学生可以清楚自己对概念理解和推理的缺陷,从而发展自己的认知能力和逻辑推理能力[③]。从社会观点来看,在课堂上进行论证教学,可以让学生体会科学知识建构的历程,每个人都有权利提出自己的观点,所有的观点都由学习共同体评价,观点能否接受,取决于理论依据和证据的合理性和充分性,学生经历这种过程,可以发展学生的论证技能和与人沟通

① Duschl R A, Osborne J. Supporting and promoting argumentation discourse in science education[J]. Studies in Science Education, 2002,38(1):45－52.
② Kuhn D. Science as argument: implications for teaching and learning scientific thinking[J]. Science Education, 1993,77(3): 319－337.
③ Osborne J, Erduran S, Simon S,et al. Enhancing the quality of argument in school science[J]. School Science Review, 2001,82 (301):63－70.

的能力,也对成为民主社会的合格公民有所帮助①。

根据对话论证的特点,群体对话假设论证承担着三重目标:对研究的自然现象赋予意义(建构假设和解释),善于表达这些解释或假设(呈现论证),说服其他人接受自己的解释(批判和评价相反的观点)。这三个目标互相关联,不可分割,如某人没有清晰地表达自己的观点时,其他人就无法被说服和评价。同样,在合作对话假设论证中,要对现象赋予意义,必须先清晰地表达不同的观点。由此可见,无论是给研究的现象赋予意义,还是说服他人,都要求清晰表达自己的观点。归根结底,可以把群体对话科学假设论证的目标定为两个:一是对研究的现象提出假设(赋予意义),二是说服其他人接受假设(批判其他假设)②。为了达到这两个目标,个体在群体对话论证中应扮演知识的建构者和批判者两种角色。

（一）群体对话科学假设论证的要素

根据群体对话假设论证的两大目标,以及科学假设论证的要素,我们可以把对话假设论证过程分为 5 个要素。

（1）建构假设。建构假设是群体对话假设论证的第一要素,是学生对探究的现象赋予意义的过程。这时学生必须充分了解问题情境,分析问题变量,找出解决问题的证据,提取相似知识和理论,从而给证据和现象赋予意义,用科学假设的形式体现出来。

（2）为自己和其他人的假设辩护。为假设辩护是说服目标的一部分,为了说服他人,就应对假设进行辩护。辩护的重要性从某种意义上来说,在于评价假设的质量,如假设是如何被辩护,是否被辩护。辩护是达到说服目标的一种方式。

（3）关注其他人的假设。关注其他人的假设是论证的关键,因为关注能使个体反驳和挑战其他人的观点并从中学习知识。向持有不同假设的学生提问是关注的方式,也是达到意义建构目标的方式之一。

（4）参与和响应其他人的假设,并评价和批判这些假设。要响应其他人的

---

① Driver R, Newton P, Osborne J. Establishing the norms of scientific argumentation in classroom[J]. Science Education, 2000,84 (3):287 – 312.
② Berland L K, Reiser B J. Classroom communities' adaptations of the practice of scientific argumentation [J]. Science Education,2011,95 (2):191 –216.

假设,就必须对他们进行质疑、评价和批判。质疑假设其实就是在给这个假设赋予意义,评价假设目标在于说服他人,依靠评价假设,可以判断他们是否被说服和其他人的观点是否被说服。

(5)修正自己的或其他人的假设。在响应证据和批判的基础上修正假设是科学假设论证意义建构目标的重要部分。修正假设发生在两种假设互相冲突,或假设被质疑和批判的时候。修正假设是最高水平的思维,因为学生并不愿意修正自己原有的观念,只有当学生真正认识到自己观点的缺陷时,他们才会修正自己的观点。

(二)群体对话假设论证的教学策略

(1)要求具备提出多种假设的科学问题,让学生能提出多种假设。为了能使学生提出多种科学假设,教师必须创设能使学生提出多种假设的情境,这种情境能使学生联系多方面已有的知识和经验,并能引发出学生先有的模糊概念,这样才能激起学生的辩论和反驳。

(2)明确认知标准。为了方便学生参与假设论证,就必须使怎么参与变得明确。以科学假设论证来说,学生必须清楚科学假设论证的主要成分,例如,给学生一段话,让他们辨别完整科学假设论证的各个成分。教师也可以设计一些"基于证据的科学假设"教学模式,这些教学模式必须包含三个要素:对问题的假设,支持假设的证据,联系证据和假设的推理和理论依据。

(3)为学生创造联系假设和证据的情境。要加强论证,就必须使用证据,以方便讨论。为此,教师应创设一种有利于学生使用证据的情境,这要求设计资料丰富的探究问题,以便多种假设可以被支持。

(4)为学生创设互相评价假设的情境。教师应设计一种学习环境,它能支持学生互相提问、质疑和挑战各自的假设。为了达到这个效果,学生也必须承担学习情境建构的责任。这个目标已经超越了简单讨论各自观点的传统课堂,每位学生都应明确自己的假设是怎么提出的,证据和理论依据是什么,和同伴假设是怎么产生冲突的,如何解决冲突等。

应该指出的是,上述策略是互相联系和依靠的,如果活动结构不能促使学生间的互相作用,明确的认知标准就没有必要,因为学生没有互相评价假设的需要。同样,如果没有明确的认知标准,学生的辩护和反驳就会很盲目,即不知采用什么样的标准对各自的假设互相响应。最后,没有开放的问题情境,活动结构也不必要,因为问题不能驱动论证。

五、科学假设论证学习进程的设计

(一)科学假设论证学习进程的界定

科学假设能力受学生年龄阶段的限制,又受学生已有的知识经验和推理能力的影响。要培养学生的科学假设能力,必须根据学生的特点设计科学假设论证学习进程。学习进程并无固定的概念,根据相关文献可表述为,学生关于某一核心知识及相关技能、能力、实践活动在一段时间内进步发展的历程。研究者们假设学生头脑中对某个知识的理解是随着年龄的增长而逐渐变化的。每一个水平代表学生认知水平发展的不同阶段,学生的认知和理解能力是由低水平向高水平逐级上升的[1]。当前学习进程被描述和使用在科学教育领域的不同方面,如① 学生科学概念理解的发展进程;② 专业知识和实践的复杂性水平的增长;③ 支撑学生学习的路径。科学假设论证学习进程涉及后面两个方面,即在教师的指导下,学生科学假设论证的能力和复杂水平逐步增长的历程。

(二)学科知识实践和学生学习路径

对学习进程应采用发展的观点,对科学假设论证学习进程而言,主要是发展科学假设论证中蕴含的各种不同技能,如基于库恩和乌代尔(Kuhn & Udell,2003)的研究[2],科学论证学习进程的设计应基于学生能否融合理论和证据。同样,科学假设论证学习进程应基于证据、假设和理论依据三者能否互相协调。科学论证学习进程只有依靠教学才能获得发展,但一些研究表明,学生在科学论证能力上几乎是空白的,主要原因是学生不理解科学课堂的讨论,而不是他们能力的局限。事实上,影响学生成功的科学论证的因素很多,如课程、教学、学生学科知识和经验。如果没有采用发展的观点来设计科学假设论证学习进程,则学生的科学假设能力得不到发展。科学假设论证学习进程的设计是基于学科知识实

---

① 刘洋,蔡敏. BEAR 评估系统:美国学生学业评价的新框架[J]. 外国教育研究,2009(11):40 - 44.
② Kuhn D,Udell W. The development of argument skills[J]. Child Development, 2003,74(5):1245 - 1260.

践和对学生学习的研究。必须清楚,学生科学假设论证能力的增长和学科专业知识的增长是互相关联的。赛德勒等(Sadler et al,2006)的实验研究表明,大学生通常已经具备进行论证所要求的知识的阈值水平,而中学生通常还不具备类似的知识水平①。奥弗施奈特等(Aufschnaiter et al,2008)的研究也认为,具体领域知识及已有知识是开展课堂论证活动的一个关键因素②。因此,基于论证的科学教学必须围绕科学学习内容开展并在论证前提供必要的知识储备。

（三）科学假设论证学习进程的维度

科学假设论证学习进程有三个维度:① 教学情境;② 论证产品;③ 论证过程③。每个维度都有很多变量,都是由简单到复杂不间断的过程,见表6-1。

表6-1　科学假设论证学习进程

维度	简单————————————→复杂		
教学情境	封闭性问题,只提出2或3个假设		开放性问题,能提出多种假设
	证据设定的范围小	证据设定的范围大	学生自己设定证据
	资料中包含恰当的证据,且范围较小		资料包含恰当和不适当的证据
	有详细的支架	有一定的支架	无支架
科学假设论证产品	假设被辩护	假设被辩护,且具有证据	假设被辩护,且带有证据和推理
	反对观点没有被反驳		反对观点被反驳
	能回答由假设演绎出的问题		能回答假设演绎出的问题,且带着因果说明
	证据、推理和反驳是恰当的		证据、推理和反驳是恰当和充分的
科学假设论证过程	假设被提出、被辩护、被疑问或评价	假设被提出、被辩护、被疑问和评价	假设被提出、被辩护、被疑问、评价和修正
	教师促使学生参与假设论证	师生共同承担促进论证的责任	学生自发从事论证对话

---

① Sadler T D, Fowler S R. A threshold model of content knowledge transfer for socioscientific argumentation[J]. Science Education,2006, 90(6):986 - 1004.

② von Aufschnaiter C, Erduran S, Osborne J, et al. Arguing to learn and learning to argue: case studies of how students' argumentation relates to their scientific knowledge [J]. Journal of Research in Science Teaching, 2008,45(1):101 - 131.

③ Berland L K, McNeill K L. A learning progression for science argumentation: understanding student work and designing supportive instructional contexts[J]. Science Education,2010,94(5):765 - 935.

1. 教学情境

教学情境起支持学生科学假设论证的作用。假设论证要求的教学情境应蕴含丰富的视角，而且教学情境中还应包含融合不同视角的各种证据。众多文献表明，科学论证要求学生给证据赋予意义，如奥斯本等（Osborne et al，2004）的研究表明，研究者给学生呈现各种假设，每种假设都是合理的，依靠的是学生给证据不同的解释[①]。因此，我们应仔细考虑问题的复杂性，期望所有的论证问题有多种可能的答案，并且有证据可供解释和评价。基于这种期望，科学假设论证学习进程可把问题的复杂性分为 4 个维度：问题的复杂性，资料设定的范围，资料的恰当性，支架的水平。

问题的复杂性是指问题的清晰度，尤其是问题所有可能的答案被界定和合理性的程度。换句话，是要求学生选择 2 个或 3 个答案，还是可能存在更多的答案。需要指出的是，无论答案是否限定，问题都是开放性的。当学生解答开放性的问题时，会有不同的回答，教师有时都不知道答案。开放性的问题能使学生的假设产生分歧，因此，就需要进行论证。

教学情境的第二个和第三个维度分别是资料设定的范围和资料的恰当性，指的是学生假设时可利用的信息。资料设定的范围是指证据的数量或学生提出假设时可陈述的证据。最简单的资料设定是证据被限制在一定的范围内，学生只需要在情境中就可以找到这些证据，而最复杂的资料设定需要学生自己定义证据，评价证据对问题解释的效用，这时的情境完全开放，学生可以通过网络、书籍文献等查找解决问题的证据。资料的恰当性是指在资料的设定范围，证据是否和问题情境相关联。最简单的资料设定应是所有的证据都和问题情境密切相关，所谓的"简单"，指的是不要求学生区分相关与不相关的证据。随着学生对证据相关性的判断能力的增强，教学情境的复杂性也应随之增加。比较复杂的教学情境应包含相关和不相关的各种证据让学生去选择和评价。

教学情境最后的维度是提供支架水平。支架是提供学生解决复杂问题的临时支持结构[②]。支架既可以指工具，比如课程材料、计算机软件等，也可以是师

①　Osborne J F，Erduran S，Simon S. Enhancing the quality of argumentation in school science［J］. Journal of Research in Science Teaching，2004，41（10）：994 – 1020.

②　Reiser B J. Scaffolding complex learning：the mechanism of structuring and problematizing student work［J］. Journal of the Learning Science，2004，13（3）：273 – 304.

生,比如能力较强的学生。对学生而言,支架能使不明确的科学假设论证的规则变得明确,也能简化任务以使解决问题变得更容易。最简单的教学情境是提供详细的支架,而最复杂的教学情境则没有任何支架。因此,在科学假设论证教学初期,学生的能力较差,教师应提供详细的活动清单,列出科学假设论证的各个活动要素。

2. 科学假设论证产品

科学假设论证产品是指对科学假设进行辩护或反驳的对话推理结果。科学假设的论证过程是指参与者互相作用,主要考虑的是论证过程的师生如何互相作用,而科学假设论证产品主要是从其包含的要素的实现程度来考虑。根据科学假设论证产品不同的复杂性,可以从四个方面循序渐进地设计学习进程(见表6-1)。前两个维度集中于论证的要素,第一个是科学假设怎么被支持和辩护,第二个是反对假设的论点是否被反驳;后两个维度集中在寻找合适的假设和辩护假设恰当的证据。

科学假设论证产品的复杂性随着论证要素的增加而增加。第一个维度主要考查学生如何支持他们提出的假设,从表6-1可知,最简单的水平是要求学生对他们的假设进行辩护,当然前提是学生必须先提出科学假设。对没有从事过论证的学生而言,开始仅要求他们对假设进行辩护是非常重要的,因为他们是论证的重要部分,如果由教师来评价假设是否科学,则学生的论证能力根本就得不到发展。随着学生的能力增强,论证的复杂性也随之增加,接着要求学生利用证据对假设进行辩护,最后要求学生不仅能利用证据对假设进行辩护,还要说明科学假设提出的推理过程和理论依据。因为有研究发现,学生在论证时往往只是重视证据的利用而不知道怎么推理得出假设。第二个维度考查学生是否有反驳,在科学共同体和科学课堂,反驳是建构假设的重要途径。要鉴别一个假设比另一个假设更科学,则反对的观点必须被辩论。换句话说,讨论和评价各种竞争性的假设是科学探究的核心。相对建构假设而言,反驳更加复杂,它要求反驳者具有复杂的思维,因为要顺利完成一次反驳,反驳者必须能评价需要反驳的假设,能鉴别这些假设的优缺点。可以说,评价是一种最高水平的思维。因此,有反驳的科学假设论证要比没有反驳的更加复杂。

科学假设论证产品不仅应包含每个重要的要素,还应考虑论证产品的质量和复杂性。因此,最后的两个维度主要考查学生论证的内容。第三个维度集中于学生提出的假设,最简单的水平是学生能回答假设演绎出来的问题,比较复杂的水平是假设包含因果解释。因果解释主要是识别一个系统中各个要素联系的潜在机制[1],例如简单地识别一个地区生物的多样性,可能要求学生解释为何这个地区比另一个地区的生物更具有多样性。因果解释则更加复杂,它需要融合各种可能的解释和非意图的解释。因此,包含因果解释的假设比没有因果解释的假设更加复杂,即使这种因果推理比较简单。

科学假设论证产品最后的维度是考察科学证据、推理和反驳的恰当性和充分性。这些要素都和学生提出的假设相关,因此,必须考察科学假设论证各要素的内在一致性。所谓恰当性是指,证据、推理和反驳与问题相关,并且能科学准确地支持假设。事实上,学生识别能恰当地支持他们假设的证据是有困难的。所谓充分性,意味着证据、推理和反驳的量和质能使其他成员赞同这个假设。如科学活动常要求学生分析证据的多面性,并把证据点的各个方面融合他们的科学假设论证产品以回答问题。然而,学生不会利用证据的多面性,而只关注证据的某个方面。这就是对假设辩护的不充分。在学习进程中,学生科学假设论证的复杂性随着他们支持的假设的要素恰当性和充分性增强而增强。

3. 科学假设论证过程

为了分析论证过程的复杂性,应把假设论证作为在课堂中群体对话的行为。这时,要考虑两个维度:一是学生在论证中扮演的角色,二是学生参与的自主程度。这两方面都和论证的复杂程度密切相关。结合相关文献,科学假设论证有四种对话职能:个体陈述自己的假设并为之辩护;成员间相互对各自的假设提问和自我辩护;成员间对各自的假设互相评价和辩护;个体修正自己或他人的假设。需要指出的是,提问和评价都应超出传统的师生互相作用,不是教师问—学生答—教师再评价,而是创设一种学习环境,师生用讨论、对话的方式对各种假设进行提问和评价。

随着学生的论证具备越来越多的论证要素,学生的论证的复杂程度也将逐渐提高。学生不必学习如何提问和评价,因为学生本身就具备这种能力。他们

① Perkins D N,Grotzer T A. Dimensions of causal understanding:the role of complex causal models in students' understanding of science [J]. Studies in Science Education,2005,41(1):117 – 165.

应学习如何利用证据合作建构知识,而不是仅仅展示个人的经验。科学假设论证要求像科学共同体成员一样互相作用,因此,参与者在论证中的对话是对各自假设的辩护、提问和评价。最简单的水平是个体能陈述和辩护自己的假设,并对其他人的假设有所反应,这种反应要么是提问,要么是评价。比较复杂的水平是学生不但要对各自的假设互相提问,而且要评价这些假设,因为个体提问的目的有时是从竞争的假设了解更多信息,以便对其进行评价。最复杂的水平是论证的参与者能修正他们的假设。修正假设是论证中最有挑战性的对话。

正如施瓦兹建议,学生论证的复杂度的增加,取决于学生参与论证的自主程度。比如,学生对各自的假设互相提问是教师促进这种行为还是学生在论证中自发的行为。我们强调论证的自主性是因为学生的科学实践能力是逐步发展的,最终要使学生能自主地用课堂论证解决身边的科学问题。学生最低的自主性水平是教师推动论证,用大量的讲授和支架来履行论证职能,促使学生参与。比较高的水平是师生共同促进论证,如教师引导学生互相提问,然后放手让学生自主进行。学生自主性最高的水平是,学生自动地进行论证而不需要教师的驱动。

科学假设论证学习进程是培养不同年龄阶段、不同知识经验学生科学假设能力的重要参考。教师可以根据学生的实际情况结合科学假设论证学习进程表对学生进行科学假设能力的培养。

第七章 科学假设能力培养实验研究

第一节 研究背景和实验设计

一、问题提出

科学假设作为科学探究的核心环节,一直受到科学教育研究者的关注。目前,一些研究者提出了一些学生科学假设能力培养的教学模式或教学方法,但有影响的实证研究还很少见。依据建构主义理论、溯因推理理论等,我们建构出科学假设形成和论证教学模式,根据这种教学模式能否提高学生的科学假设能力,必须通过教学实验进行验证。当前国外研究者普遍发现论证教学能提高学生的科学论证能力,但学生经历不同的论证教学,提升学生的论证能力侧重点也有所差异。如果论证教学强调对证据的使用和收集,则学生利用证据的能力将大幅度提高;如果强调假设和支持理论一致性的关系,则学生能提出更正确的理论支持假设[1]。本书综合上述观点,在教学中既强调科学假设的形成教学,重视学生提出的科学假设过程,又强调科学证据的利用与评价,还重视假设的理论依据提取与评价。也就是说,本教学实验重视培养学生协调科学假设、证据和理论依据三者间一致性的能力,以期能提高学生的科学假设能力。

本书拟达到以下目标:① 16 周岁以上学生科学假设层级能否提高。② 采

① 黄柏鸿,林树声.论证教学相关实证性研究之回顾与省思[J].科学教育月刊,2007,302(9):5-20.

用假设形成和科学假设对话论证教学能否提高学生的科学假设能力、科学证据和理论依据的利用能力。

二、研究方法

（一）研究设计

本章采用等组实验法，即设置对比组和实验组，两组学生学业成就相同，对比组采用简单探究教学方法，实验组采用科学假设形成和论证教学。在实验前后，用问卷调查法对两组进行测试。

（二）主试与被试

本章的主试选择重庆某重点中学一位高中化学中级教师，从教 8 年，教学经验比较丰富。为了防止实验组和对比组因主试不同而导致差异，因此，两组用同一位主试分别采用不同的教学模式进行教学。被试选取重庆某重点中学高二年级的 12 名学生，这些学生平均年龄 17.2 周岁。琼斯等（Jones et al,2003）曾提出，科学论证教学受学生语言表达能力的限制，低学业成就的学生可能缺乏表达机会，高学业成就的学生因更善于表达而有助于论证教学[①]。因此，本章特地选择了 12 名学业成就中上游的学生参与本次实验。这 12 名学生分成实验组和对比组，各 6 人，每组男女生各 3 人。对这两组学生的最近化学成绩进行独立样本 t 检验，发现无显著性差异（$t = 0.512 > 0.05$），说明对比组和实验组学生学业成就大致相同。根据劳森的理论，这个年龄的学生已经能够依据不可观察的实体提出假设，但劳森指出，只有少部分学生具备这种能力[②]。

（三）实验材料

美兹（Metz,1998）认为，科学教学应符合学生的心智特征，教学前教师应了解学生对学习领域学科知识的理解程度，学生获得知识的方法等[③]。因此，采用

---

① Joiner R , Jones S. The effects of communication medium on argumentation and the development of critical thinking[J]. International Journal of Educational Research,2003,39(8):861 – 871.

② Lawson A E. The development of reasoning among college biology students[J]. Journal of College Science Teaching, 1992, 21: 338 – 344.

③ Metz K. E. Scientific inquiry within reach of young children[M] // Fraser B J, Tobin K G. International handbook of science education:learning. Netherlands: Kluwer Academic Publishers,1998:81 – 96.

科学假设形成和论证教学必须选择适合这个年龄阶段学生的主题,这样学生才能充分发挥学生假设及论证的主动性。本研究选择"铝与稀盐酸反应有明显的气泡,而与稀硫酸反应没有明显现象"这个异常现象作为被试的探究主题,原因是"金属与酸反应放出氢气"这一知识对高二学生来说都很熟悉,高二学生学过影响化学反应速率的因素的知识,而且学生日常生活也有一些这方面的经验积累。但本现象又属于"异常现象",因为学生根据中学所学的知识很难提出合理的解释。因此,本探究主题紧密联系学生已有的知识与经验,而且这个探究主题涉及从宏观到微观现象提出假设的内容。

在实验前,对 12 个学生用此实验材料进行前测。前测要求学生尽可能多地提出合理的假设并说明每个假设的支持证据、理论依据或推理依据。实验结束一周后,再用此材料对两组学生进行后测。

三、实验设计

(一)对比组采用简单探究教学

本章中对比组采用简单探究教学,所谓简单探究教学即指教师先提出问题,引发学生思考并提出假设,教师对假设进行评价,对比较科学的假设进行实验验证,最后交流得到结论,教学中并不涉及假设提出的思维过程,以及如何利用证据对假设进行辩护和反驳的活动。简单探究教学参考发表在《教学仪器与实验》上的一篇探究教学案例,略有改动(具体见附录 5)[①]。对比组教学为 40 分钟。基本过程为:教师提出问题,接着教师引导学生提出假设,师生选择一些科学的假设进行实验验证,教师同时对学生的疑难给予一定的支持,对不理解的知识给予讲授。

(二)实验组采用科学假设形成和群体对话论证教学

实验组采用科学假设形成和群体对话论证教学模式(具体见附录 6)。在科学假设形成的教学阶段,主要采用科学假设形成教学模式。在群体对话论证教学阶段,主要要求学生发表竞争性的假设,师生利用证据和理论或推理依据互相

① 刘新宇,马胜利.铝与稀酸反应的实验探究[J].教学仪器与实验,2003(12):7-8.

批判,最后达到意见一致。实验前利用两周时间对学生和主试教师进行培训,每周一次,每次 40 分钟,让师生了解什么是证据、什么是假设和理论依据等。培训内容第一次采用一个非常简单的论证主题"人的眼睛怎么能看见物体",这个问题分正反两方,正方的假设为"光线射到物体上,被物体反射后进入人眼",反方为"人眼发出的光线碰到物体",正反方都需要列出证据和原因。第二次采用质量守恒定律的教学(见案例 6-2),并在其中增加了论证环节。培训后,主试利用本次研究的材料进行教学,教学过程为 40 分钟。将学生分为 2 个小组,每组 3人,以小组的方式探究,目的在于形成科学共同体,达到合作认知的目的。教师在其中起支持辅导的作用,当学生偏离探究主题时,教师引导其回归探究问题,当学生探究遇到无法解决的困难时,教师给予一定的辅助,以使学生在最近发展区进行探究。实验组具体教学思路见表 7-1,具体教学过程见附录 6。

表 7-1　实验组的主要教学策略

主要的教学阶段	主要教学方法	教师引导策略
教学情境	教师创设教学情境;要求学生从问题情境中收集信息	教师引导学生提出问题,根据问题情境判断哪些是有用的信息和证据
形成科学假设	鉴定问题情境中隐含的变量;要求学生找出变量间的联系、因果关系,并提出科学假设	引导学生寻找相似的经验现象;要求学生对比问题情境和经验现象;要求学生根据假设做出预测和解释
假设论证	提供差异信息;提供反例;提供已确证的事实;提供知识支持	问学生为何假设无意义;问学生为何假设是不合理的;要求学生根据假设进行预测;要求学生利用推理依据;要求学生利用支持和反对证据、预测证据等
修正假设	基于评价,要求学生修正自己的起始假设	要求学生对论证进行概括

(三)实验组采用提问表和科学假设论证表作为教学中的辅助工具

在实验组的教学中,为了避免对话论证过程变成漫无目的的讨论,研究者为被试设计了一份提问表和科学假设论证表。提问表的设计是参照赫廉可等(Herrenkohl et al,1999)的想法[①],任何一个参与者提出假设时,其他成员可以借

① Herrenkohl L, Palincsar A, Dewater L, et al, Developing scientific communities in classrooms: a sociocognitive approach[J]. The Journal of Learning Sciences, 1999,8(3-4):451-493.

助提问表对其假设提出问题,以方便论证的实施(见附录7)。科学假设论证表按照"假设、证据、推理(理由)和反驳"四个要素设计(见附录8)。

第二节　实验结果分析与讨论

一、实验组和对比组前后测学生假设层级变化

(一)对比组前后测假设层级变化

在对比组前测中,6位学生都能提出多个假设,这些假设涉及拒绝提出假设、错误的假设、因果假设和抽象假设各个层级,但只有1位学生(A6)能提出抽象假设(见附录9)。5位学生都存在错误的假设,如"稀硫酸酸性太弱""盐酸的氧化性强"等。对A5进行访谈,研究者问:"你为何说盐酸的氧化性强是该现象的假设呢?"学生回答:"因为铝在酸盐中反应快啊。"由此可见,学生不是根据正确的科学知识来提出假设,而是依据自己的观点,"想当然"地提出假设。6位学生中,A1不相信实验,拒绝提出假设,有4位学生能提出因果假设,有1位学生(A2)提出直观假设,1位(A4)提出的假设不能检验,归类为"其他"。

根据表7-2,通过简单探究教学,后测的结果表明,"拒绝提出假设"的学生由1位变为0,下降16.7%;提出"错误的假设"的学生由5位变为3位,下降的百分比为33.3%;处于"直观假设"层次的学生无变化;因果假设从4人上升至6人,上升33.3%;提出"抽象假设"的学生由1位上升为4位,上升50%。这说明经历简单探究教学的学生低层级的假设和错误假设明显减少,因果假设和抽象假设明显增加。我们还可以发现,通过探究教学,4位学生已经知道了铝与稀硫酸反应慢的原理知识,或者已经记住这些知识。由于调查要求学生尽可能多地提出假设,所以这些学生也有一些其他假设。对学生A3进行访谈,研究者问她为何提出3个假设,哪个假设最合理?学生回答:"当然是氯离子能促进反应假设最为合理,其他的假设只是有可能性而已,因为教师已经讲过。"由此可见,简单探究教学能使学生记住基础知识,即使涉及需要微观表征知识等情况。

表 7-2　对比组前后测假设层级的变化

假设层级	教学前后人数		变化
	教学前	教学后	
拒绝提出假设	1	0	下降 16.7%
错误的假设	5	3	下降 33.3%
直观假设	1	1	无变化
因果假设(从宏观方面)	4	6	上升 33.3%
抽象假设(从微观提出假设)	1	4	上升 50%
其他	1	0	下降 16.7%

(二)实验组前后测假设层级的变化

实验组的前测与对比组情况大致相同(见附录 10),6 位学生中有 4 位提出"错误的假设",1 位提出"直观假设",2 位提出"其他"假设,2 位学生提出"抽象假设"。在提出"抽象假设"的两位中,B5 认为硫酸根离子半径大阻碍了氢离子和铝的接触,因而反应慢;B6 认为氯离子和硫酸根离子对反应有影响。经对实验组 B5 进行访谈得知,这位学生认为硫酸根离子半径大,覆盖在铝的表面,阻止了氢离子和金属铝接触。从中可知,这位学生很具有想象能力。

从表 7-3 可知,后测结果显示,学生提出"错误的假设"的人数从 4 下降至 0,下降 66.7%;提出"直观假设"的人数从 1 下降至 0,下降 16.7%;"其他"假设的人数从 2 下降到 0,下降 33.3%;提出"因果假设"的人数从 5 上升至 6,上升16.7%;提出"抽象假设"的人数从 2 上升至 6,上升 66.7%。由此可见,经过科学假设形成和论证教学,6 位学生都能提出"因果假设"和"抽象假设",无一人提出"错误的假设"和"直观假设",也没有提出"其他"假设的学生。实验组后测提出的抽象假设可以归纳为以下几类:硫酸根离子阻碍了反应进行;硫酸根离子半径大;氯离子更易穿透铝表面的氧化膜。经对一些学生进行访谈,有些学生认为通过假设形成和论证教学,更能认识到自己的错误所在,还有些学生认为已经完全理解了产生该异常现象的原因。

表 7-3　实验组前后测假设层级的变化

假设层级	教学前后人数		变化
	教学前	教学后	
拒绝提出假设	0	0	无
错误的假设	4	0	下降 66.7%
直观假设	1	0	下降 16.7%
因果假设(从宏观方面)	5	6	上升 16.7%
抽象假设(从微观提出假设)	2	6	上升 66.7%
其他	2	0	下降 33.3%

经过探究教学的对比组和经过假设形成及论证教学的实验组相比较,可以得出结论,科学假设形成和论证教学更能提升学生科学假设的层级,减少低层级假设和避免错误的假设。

二、实验组和对比组前后测写出假设依据能力的变化

(一)对比组在经历简单探究教学后的假设层级变化

从表 7-4 可知,教学前,对比组提出假设 17 个,学生的每个假设都写了支持理论或推理依据。其中,"错误(或不支持假设)的知识或推理依据"为 11 个,占学生假设总数的 64.7%;"知识或推理依据能支持假设"的为 5 个,占学生假设总数的 29.4%;"其他"的为 1 个,占学生假设总数的 5.9%,这个学生(A4)把推测的现象当成知识依据。从中可知,能写出假设合理支持或推理依据的学生很少,大多数学生的知识或推理依据不能支持假设或本身是错误的。

表 7-4　对比组学生前后测写出假设依据能力的变化

假设层级	教学前后理论依据(假设)		变化
	教学前(17 个)	教学后(17 个)	
错误(或不支持假设)的知识或推理依据	11(64.7%)	8(47.1%)	下降 17.6%
知识或推理依据能支持假设	5(29.4%)	7(41.2%)	上升 11.8%
其他	1(5.9%)	2(11.8%)	上升 5.9%

经过简单探究教学,写出"知识或推理依据能支持假设"的学生上升为 7 个,上升百分比为 11.8%;写出"错误(或不支持假设)的知识或推理依据"的学生为 8 个,下降 17.6%;写出"其他"的上升为 2 个,上升 5.9%。实验后,A5 误把假设预测证据当成知识依据(见附录 9),因此归类为"其他",A4 仍把实验现象当成知识依据,虽经探究教学但未改变。因此,虽然探究教学使学生假设层级有所提高,但学生写出支持假设的知识或推理依据的能力并未得到改善。也可以说,在简单探究教学中,学生并没有真正理解"铝为何在稀硫酸中反应慢"这个现象的原理,只能算是机械性地理解,即学生只知道原理是什么,但不知道"为什么",因为学生还未能真正地理解知识间本质的联系。

(二) 实验组前后测写出假设支持依据能力的变化

从表 7-5 可知,在前测中,实验组共提出假设 16 个,"错误(或不支持假设)的知识或推理依据"为 9 个,占假设总数的 56.3%;"知识或推理依据能支持假设"的为 5 个,占假设总数的 31.3%;"其他"为 2 个,占假设总数的 12.5%。从附录 5 可知,前测中,实验组的 6 位学生所提出的假设的理论依据都有不充分和不科学的地方。如 B5 的理论依据为"硫酸根离子半径大于氯离子半径"。因此,在前测中 6 位学生都难以写出假设的合理支持依据。

从表 7-5 可知,在后测中,"错误(或不支持假设)的知识或推理依据"为 1 个,占假设总数的 6.7%,下降 49.6%,从附录 10 可知,只有 B2 提出"氯离子半径更小"作为氯离子对反应有影响的理论依据,这个理论依据不充分;"知识或推理依据能支持假设"的为 12 个,占假设总数的 80%,上升 48.7%;"其他"为 0 个,下降 12.5%。从这些数据可知,经过科学假设形成和论证教学,学生利用知识或推理依据的能力显著上升。这个结果与经过简单探究教学的结果相比较,可以得出,科学假设形成和论证教学更能提升学生利用合理知识或推理依据的能力。

表 7-5 实验组在教学前后写出假设依据能力的变化

假设层级	教学前后理论依据(假设)		变化
	教学前(16 个)	教学后(15 个)	
错误(或不支持假设)的知识或推理依据	9(56.3%)	1(6.7%)	下降 49.6%

续表

假设层级	教学前后理论依据(假设)		变化
	教学前(16 个)	教学后(15 个)	
知识或推理依据能支持假设	5(31.3%)	12(80%)	上升 48.7%
其他	2(12.5%)	0(0%)	下降 12.5%

三、实验组和对比组前后测利用证据能力的变化

科学假设的提出要依据一定的证据。库恩(Kuhn,2001)在"人类如何获得知识"中谈道,大部分涉及因果知识的主张集中在理论性的解释和证据两者相关程度上[1],简言之,即证据和假设的联系程度是假设合理性的重要评判标准。

(一)对比组学生前后测利用证据能力的变化

根据表 7-6,在前测中,大多数学生利用的证据是"先决证据",占假设总数的 76.5%;利用"推测证据"的只有 2 人,占假设总数的 11.8%,只有 A4 和 A5 能利用推测证据。经过简单探究教学后,学生的假设层级得到提高,但可以发现,学生仍然不会利用证据提出假设,只有 A4 和 A5 能利用推测证据,A4 多了一个推测证据而已,即"若在稀硫酸中加入氯离子,速度会加快"。在利用证据方面的表现与前测基本相同。另外,前后测试都未发现使用"多样证据"的学生。因此,简单探究教学并不能使学生利用证据提出假设的能力得到提高。

表 7-6　对比组学生前后测利用证据能力的变化

类型	教学前后证据(假设)		变化
	教学前(17 个)	教学后(17 个)	
先决证据	13(76.5%)	12(70.6%)	下降 5.9%
推测证据	2(11.8%)	3(17.6%)	上升 5.9%
其他	2(11.8%)	2(11.8%)	无变化

---

[1]　Kuhn D. How do people know? [J]. Psychological Science, 2001,12(1):1-8.

（二）实验组学生前后测利用证据能力的变化

从表7-7可知,学生共提出16个假设,但证据只有12个,有4个假设无证据,说明学生不知道什么是证据。和对比组一样,实验组的16个假设中有9个是"先决证据",占假设总数的56.3%,只有B5写出1个推测证据,还有2个不能称为证据。经科学假设形成和论证教学后,学生的每个假设都有证据,其中,"先决证据"有5个,占假设总数的33.3%,下降23.0%,下降的原因是学生考虑更为合适的证据;"推测证据"有13个,占假设总数的86.7%,上升80.4%;"多样证据"从0个变为4个,上升26.7%,有3位学生使用了多样证据。从附录10可知,多样证据以"先决证据"和"推测证据"为主,只有B6把"硫酸根离子半径大"作为间接告知证据。"其他"证据为2个,数目和前测一样,但和实验前的2个"其他"证据不同。实验后,学生本意提出"推测证据",如B1和B2都将"在稀硫酸中加入少量稀盐酸,反应速度将加快"作为推测证据,由于学生没有考虑增加了氢离子的浓度会影响反应速率,所以这2个证据是错误的,将其归为"其他"类别。因此,实验后,6个学生都知道证据的特点,没有将自己的观点作为证据,而是把客观事实作为证据。

表7-7　实验组学生前后测利用证据能力的变化

类型	教学前后证据（假设）		变化
	教学前（16个）	教学后（15个）	
先决证据	9（56.3%）	5（33.3%）	下降23.0%
推测证据	1（6.3%）	13（86.7%）	上升80.4%
多样证据	0	4（26.7%）	上升26.7%
其他	2（12.5%）	2（13.3%）	上升0.8%

由此可知,经过科学假设形成和论证教学,学生从不会使用"推测证据"到大多数学生能使用,从没有学生使用"多样证据"到3位学生能使用,说明学生利用证据的能力得到了很大的提升。

四、实验组和对比组在实验前后协调假设、证据和理论（推理）依据的能力的比较

从表7-8可知,对比组教学前后,6名学生提出17个假设中没有一个假设能协调假设、证据和理论依据之间的联系,这些学生要么能提出理论（或推理）依据,但不能写出合适的证据,要么假设是错误的。经简单探究教学,学生仍然不会协调假设、证据和理论依据的联系。因为简单探究教学并没有强调假设的形成过程、证据的利用等,所以难以提高学生假设的能力。

表 7-8　实验组和对比组实验前后协调假设、证据和理论依据的能力的比较

组别	假设、证据和理论依据的协调（占假设的数量）		变化
	教学前	教学后	
对比组	0(0%)	0(0%)	无
实验组	0(0%)	12(80%)	上升80.0%

实验组在教学前,6名学生提出16个假设中同样没有一个假设能协调假设、证据和理论依据之间的联系。但经过科学假设形成和论证教学,15个假设中的12个假设的理论依据、证据之间互相关联,仅有3个假设的证据和理论依据存在错误。由于科学假设形成和论证教学强调证据对假设的支持、理论依据和推理依据联系着证据和假设,因此,这种教学模式能使学生更好地协调假设、证据和理论（推理）依据三者的关联。

五、简单探究教学和科学假设形成和论证教学片断分析

（一）科学假设形成和论证教学片断

由表7-9可知,学生B2提出"铝与稀盐酸反应放热更多"的假设,但是把"铝与稀硫酸反应慢"当成理论依据,说明B2还不清楚何为"理论依据",何为"证据"。通过科学假设形成和论证教学,B2已经清楚证据和理论依据的含义,理解在一个假设处理下实验结果可用作推测证据,推测证据可以推翻假设。实

验组学生也清楚假设必须要有多样性的证据支持才更具有说服力。

表 7-9　科学假设形成和论证教学片断 1

学生	科学假设形成和论证教学片断	编码
B2	铝与稀盐酸反应放热更多。	假设
B1	你为何这么认为?	提问
B2	因为铝在稀硫酸中反应慢啊!	支持理论
B3	这是反应现象,很多原因都能导致这个结果。	不同意
教师	用不同理论解释反应现象,这个现象就可以作为证据,不过单一的证据对假设的支持太薄弱,还需要其他证据。	辅导
B1	我问的是你提出假设的支持理论或经验依据是什么,而不是现象。	提问
B2	嗯,我想想,温度越高,反应越快。食物腐败也是这样。	支持理论
B3	那证据呢? 你有吗?	辩护
B1	可用温度计测量啊。	辩护
实验	用温度计测量两种反应物,发现温度计变化很小,且一致。	证据
师生	推测证据说明 B2 的假设不成立。	反驳

从表 7-10 可知,B3 提出一个错误的假设,这个假设的理论依据是错误的,因为理论依据并不能支持假设。经过 B2 的反驳,B3 对其假设的推理依据做了澄清,这个澄清比原来有进步,但所运用的类比推理仍然是错误的,因为所用的间接告知证据是错误的。再次经过 B2 的反驳,B3 才完全清楚了自己假设的错误所在。由此可见,科学假设形成和论证教学能使学生展示自己的假设形成的思维过程,在同伴的反驳和质疑中逐渐清楚自己思路的缺陷,从而在不断完善自己的假设中学习知识、发展思维能力。

表 7-10　科学假设形成和论证教学片断 2

学生	科学假设形成和论证教学片断	编码
B3	铝与稀硫酸反应生成的硫酸铝会阻止反应。	假设
B2	你为何这样认为?	提问
B3	因为硫酸铝不会与稀硫酸反应。	理论依据
B2	可是铝与稀盐酸反应生成的氯化铝也不会与盐酸反应啊!	反驳

续表

学生	科学假设形成和论证教学片断	编码
B3	嗯……,应该是硫酸铝会覆盖在铝的表面阻止反应进行。	澄清
B3	这个反应和碳酸钙与稀硫酸反应一样,生成的硫酸钙覆盖在碳酸钙表面阻止反应进行。	辩护
B2	你的意思是硫酸铝不溶于水哦?	提问
B3	是这样的。	
B2	可是硫酸钙微溶而硫酸铝能溶解于水。	否证证据
B3	看来这个假设不成立。	反驳

从表 7-11 可知,B3 在被不断质疑和反驳中思路变得更加清晰,把原来的"硫酸铝覆盖在铝的表面阻止反应进行"改成了"氧化膜阻止了反应进行"。面对"但铝在盐酸中也会生成氧化膜啊,为何盐酸不会阻止?"这样的质疑,B3 坚持自己的假设,并提出推测证据,结果证明,B3 的假设是有道理的。但质疑和反驳并未消失,B5 提出了"氧化膜不与稀硫酸反应而能与稀盐酸反应"的假设解决了这些质疑。经过教师的辅导,B5 的假设从因果层次上升到抽象水平。但 B5 提出的推测证据仍有缺陷,经过 B3 的反驳,B5 修正了自己的推测证据。最后,师生共同建构了大家认为最合理的假设。

表 7-11 科学假设形成和论证教学片断 3

学生	教学片断	编码
B3	铝钝化阻止反应进行。	假设
B5	你为何这么认为?	提问
B3	既然已经排除了硫酸铝,那么肯定是铝表面的致密氧化膜阻止与氢离子反应。	推理
B5	难道铝在盐酸中就不会生成氧化膜?	反驳
教师	铝很容易与氧气反应生成氧化膜,稀盐酸和稀硫酸中都含有氧气。	辅导
B2	你认为你的假设合理吗?	提问
B3	假设是否合理关键还看证据。我是认为肯定是氧化膜阻止了反应。	辩护
B6	如何提供证据?	提问
B3	用打磨的铝片放在稀硫酸中试试。	辩护

学生	教学片断	编码
实验	打磨后的铝片反应先快后慢。	证据
B3	证据说明氧化膜阻止了铝与稀硫酸反应。	辩护
B2	但为何氧化膜没有阻止铝与稀盐酸反应呢？	提问
B5	我认为是硫酸不与氧化膜反应而盐酸能与之反应。	假设
B4	你为何这么说,有什么依据?	提问
B5	你看铝在两种酸中都易氧化,而与稀盐酸能反应,与稀硫酸不反应。	推理
教师	这个推理很有道理,能否从微观角度进行分析?	辅导
B5	氢离子都相同,是不是和氯离子和硫酸根离子有关?	假设
B4	你的证据呢?	提问
B5	是啊,该怎么寻找证据呢? 对,可在稀硫酸中加点盐酸。	推测证据
B3	我认为不合理,因为加了稀盐酸等于增加了氢离子的浓度。	反驳
B5	是啊,那加点氯化钠溶液。	证据
师生	这个可以,大家共同实验一下。	实验
师生	看来是硫酸根离子不能穿透氧化膜,而氯离子可以。	共同建构

从上述三个教学片断可知,科学假设形成和论证教学能达到以下几个目标:第一,能使学生展示自己假设形成的思维过程,使内隐的思维外显化,在暴露自己思维缺陷中弥补不足,从而使学生更清楚假设提出的过程,写出假设的依据更科学和更具逻辑性。第二,能使学生充分地利用证据,学生对证据能产生更多的解释,更清楚证据与已有理论之间的联系。第三,能使学生更好地协调假设、证据和理论依据的关系。

(二)简单探究教学片断

教师:铝与稀盐酸反应很快,但为何在稀硫酸中反应很慢? 大家能否提出自己的解释呢?

A2:铝片在高温时与稀盐酸反应速度快。

教师:这个与我们的提问不相符。

A1:铝含有杂质。

教师：都是用相同的铝片啊。还有无其他同学说说。

A3：铝与盐酸反应放热多。

教师：你说的铝与稀盐酸反应放热更多有一定的道理，但目前观察到的现象不是这样。

A4：铝在稀硫酸中形成致密氧化膜，阻止反应进行。

教师：研究表明，铝在空气中都容易生成致密的氧化膜，在稀盐酸中也会生成氧化膜，为何铝在稀盐酸中反应快呢？

A6：应该是氧化膜不会和稀硫酸反应，而能与稀盐酸反应。

教师：说得很好，能否从微观方面来解释？我们知道稀盐酸和稀硫酸的氢离子都是相同的，不同的是阴离子。

A6：那应该是硫酸根离子不与氧化膜反应，氯离子能与之反应。

教师：硫酸根离子怎么会与氧化膜反应呢？不会反应。请大家再想想。

A5：应该是氯离子能破坏铝表面的氧化膜，而硫酸根离子没有这种能力。

教师：说得非常好，事实上也是这样。大家用实验验证一下吧。

从上述教学片断可以看出，教师对学生提出的假设做了简单的评价，如A3的假设为"铝与盐酸反应放热多"，教师认为有一定的道理，但未指出为何有道理，也没有追问学生提出假设的依据、怎么寻找假设的证据。整个教学过程只有教师和学生间的交流，虽然这个小组的每个学生都提出了假设，但同伴间并未对各自的假设进行论证。在这个探究教学片断中，教师对学生未知的一些知识给予了讲解，比如"铝在空气中都容易生成致密的氧化膜，在稀盐酸中也会生成氧化膜"。在学生出现迷茫时，教师也给予了"支架"，如"我们知道稀盐酸和稀硫酸的氢离子都是相同的，不同的是阴离子"，这些"支架"使学生的假设从"错误或因果层级"上升到"抽象层级"。但由于学生缺乏对自己想法的全面陈述，缺乏提问、质疑和辩护，也未重视科学证据的使用，因此，学生对自己思维的缺陷并不清楚，也不能理解假设、证据和理论依据的关系。所以，简单探究教学仅能提升学生的假设层级，并不能提高学生利用证据、理论依据及推理的能力。

第三节　结论、教学建议与反思

一、研究结论

根据上述数据分析和讨论,对比了简单的探究教学和科学假设形成与论证教学片段,可以得出以下一些结论:

(1)科学假设形成与论证教学和简单探究教学都能提高学生假设的层级,但前者作用更加显著,且前者能显著提高学生涉及微观表征假设的能力。

(2)科学假设形成和论证教学能更好地促进学生理解知识间的本质联系。

(3)简单探究教学不能提高学生利用证据、假设理论依据的能力,而科学假设形成和论证教学能达到这个目标,并能使学生注意假设、证据和理论(或推理)依据三者的一致性,协调三者之间的关系。

二、教学建议

(一)探究教学应强调科学假设形成和论证活动

探究教学是我国理科新课程提倡的教学方式,但如何促进学生探究,如何使探究教学更接近科学家真实的研究,我国理科教育研究者并没有结合时代的特点进行研究。简言之,我国当前的理科探究教学还是基于操作式、菜单式的探究,缺乏围绕着假设进行论证与解释及公开辩论式的探究[①]。根据 2000 年《美国国家科学教育标准》,现在的探究教学在传统探究教学的基础上强调重点发生了变化。现在的科学探究由强调动手操作获取答案到提倡使用证据和策略来修正科学假设,由视科学为探究和实验到强调科学论证和解释[②]。本章研究的科学假设形成和论证教学是以现在的探究教学为依据建构的。由实验研究可

---

① 林燕文,洪振方.对话论证的探究对促进学童科学概念理解之探讨[J].花莲教育大学学报,2007(24):139－177.

② National Research Council. Inquiry and the National Science Education Standards[S]. Washington, DC: National Academy Press, 2000.

知,科学假设形成和论证教学能显著提高学生的科学假设能力。首先,这是因为科学假设形成和论证教学需要让学生详细叙述科学假设的形成过程、理论依据、证据支持等,因此对培养学生科学假设能力的针对性强。其次,科学假设形成和论证教学符合科学探究的真实过程,因为它视科学探究为论证和解释的过程,实验结果作为证据来支持和反驳假设,体现了探究的社会属性和理论主导特质①。最后,科学假设形成和论证教学强调辩论和交流,学生可以公开交流各自的假设提出的过程、证据的利用、推理的合理性等。在与同伴互动过程中,学生的科学假设能力得到提高。因此,探究教学必须增加科学假设形成与论证环节。

(二)应使学生清楚科学假设形成与论证的具体过程和构成要素

佐哈尔等(Zohar et al, 2002)认为,开展论证教学应让学生熟悉一个好的论证的组成要素和知识,学生才能够顺利地提出观点和为之辩护②。因此,教学前必须使学生清楚科学假设提出的过程、假设论证的构成要素,而且有必要进行一些训练,否则学生在教学中不知道怎么提出假设,不知道怎么评价假设与证据的合理性,从而使假设与论证因缺乏评价标准而陷入迷茫。当然,这些训练并不是一蹴而就的,特别是科学假设形成操作策略,需要多次训练才能使学生掌握其操作过程。

(三)选择适合学生的科学假设论证题材

必须选择与学生已有的知识和经验相关的假设与论证题材,这个题材必须考虑学生的年龄阶段和已有的知识经验。对于高中生而言,在基于学生已有学科知识的前提下,所选的假设与论证题材可以涉及微观表征的假设。无论是何种论证题材,都必须具有开放性,题材应包含多种证据,能让学生提出多种假设,通过科学假设论证题材引出学生各种模糊概念,然后进行修正。当然,科学假设论证题材的选择应循序渐进,对于论证能力较弱的学生,应选择比较封闭的题材,题材中仅包含1至2个假设,随着学生论证能力的增强,题材的开放性逐渐增强。

(四)教师应提供支架 、"提问表"和"假设论证表"作为辅助工具

在科学假设形成和论证教学过程中,教师适度的辅导非常重要,这样可以使

---

① Alberts B,Labov J. From the national academics;teaching the science of evolution[J]. Cell Biology Education,2004,3(2):75 – 80.

② Zohar A, Nemet F. Fostering students' knowledge and argumentation skills through dilemmas in human genetics[J]. Journal of Research in Science Teaching, 2002, 39(1):36 – 62.

论证沿正确的方向继续下去,同时解决学生知识上遇到的疑难,克服因知识不足而导致的假设与论证障碍。为了保证科学假设论证的顺利进行,教师还要提供"提问表"和"假设论证表"。当一个学生发表主张时,其他学生能依据提问表的提示和引导提出问题,促进彼此反思性的对话及高层次的理智推理[①]。科学假设论证表能使学生在提出假设时有一定的标准和依据,也能引导学生提出假设,同时方便检查假设、证据和支持理论的一致程度。

三、研究反思

本章通过实验研究比较了简单探究教学与科学假设形成和论证教学的效果,研究发现,科学假设形成和论证教学能显著提高学生的科学假设能力,而简单探究教学仅能提高学生科学假设的层级。为何通过仅仅三周的教学,科学假设形成和论证教学就有这么好的效果? 大部分是因为这种教学模式对科学假设能力的各项指标的培养针对性强,虽然它的确能提高学生的科学假设能力,但也不能排除其他因素的影响。首先,实验教学的前后测都是用同样的问卷材料,且这份问卷也是简单探究教学与科学假设形成和论证教学的实验材料,所以我们不能排除实验组的学生是依靠回忆来回答问卷。虽然对比组的学生也可以回忆,但毕竟没有对假设进行论证,即强调假设形成的理论依据和证据,所以不能回忆相应的内容。也就是说,实验组的学生实际科学假设能力并未得到太大的提高。为了避免回忆造成的影响,本实验两个组的后测都在教学一周以后,但仍然没有足够的说服力。然后,本实验周期很短,取得的效果难免让人产生怀疑。人们可能会问,如果实验后,实验组和对比组都用其他问卷材料,而不是用教学材料进行测试,效果是否会不一样? 我们认为,实验前后用同样的材料进行测试,可以方便比较,而且我们一时也未找到适合高二学生的问卷材料,所以这个问题有待后续进行研究。但可以肯定的是,科学假设形成和论证教学环节对应着科学假设能力的各项指标,从理论上分析,这种教学模式能提高学生的科学假设能力。

---

① 潘瑶珍.科学教育中的论证教学[J].全球教育展望,2011,(2):77-81+96.

结　　语

　　科学探究是国际科学教育领域永恒的话题,但科学探究的本质是什么,目前我国科学教育界还缺乏一致的认识,导致探究教学出现种种失范的现象。尤其是人们对探究教学的假设环节的认识还处于经验层次,缺乏基于多种理论的系统研究。本书基于科学哲学、科学史、教育学、脑科学、心理学等理论,系统研究了科学探究的本质、科学假设提出的思维过程、科学假设能力的组成要素与结构、假设选择和论证、学生假设能力的影响因素与培养等。现将本书得出的一些结论和观点总结如下。

一、本书已提出的观点和结论

　　(1)科学探究的本质是什么? 仅从教育学者的观点来回答是不全面的,因为不同的教育学者有不同的观点。因此,要回答这个问题,必须系统考察科学哲学、科学史、脑科学、认知心理学等一些研究成果。现代科学哲学观点认为,科学探究必须有假设环节;在科学史方面,从伽利略发现木星卫星的日记中归纳出,科学探究的本质是面对问题,提出假设,然后对假设进行循环论证以找出最佳解释的活动;从脑科学处理视角信息可知,人们面对所观察到的现象,输入的信息立刻与大脑中储存的图式相配对,随即形成假设。基于上述研究基础,本书认为,科学假设形成和论证是科学探究的核心环节。尽管在实际教学时,考虑问题的类型、学生的实际、教师对探究教学的理解,科学假设环节有时被忽略了。

　　(2)科学假设形成的具体思维过程是什么? 科学假设能力的结构如何? 这

些问题一直困扰着科学教育研究者,因为科学哲学学者的观点也存在争议,很多学者认为科学假设的提出是个创造性过程,无逻辑可循。但皮尔士认为,溯因推理是科学假设形成的唯一逻辑操作,这个观点得到了科学哲学界的公认,并作为本书的理论基础。为了建构科学假设能力的结构模型,本书分别探讨了科学假设与科学证据、科学理论(推理)依据、元认知的关系。在对卢瑟福发现原子结构模型和产褥热病原的发现过程的探讨基础上,结合溯因推理逻辑形式,归纳出科学假设形成的思维过程为:① 科学假设的形成过程从分析问题,探讨其中的因果关系开始;② 寻找与当前问题情境相似的经验现象;③ 探讨各种相似经验现象的因果解释;④ 把各种经验现象与当前的问题情境进行比较;⑤ 借用经验现象的因果解释提出假设;⑥ 选择合理的科学假设。在此基础上,本书概括出科学假设能力的构成要素:科学假设能力的内容、操作、产品、品质和自我监控五大要素,根据系统理论、智力结构理论,建构了科学假设能力结构模型。

(3)皮亚杰、劳森等研究都表明,学生的假设能力受年龄阶段的制约,但对不同年龄阶段学生假设能力的现状、影响因素等并未进行系统的研究。本书将学生分为 12～16 周岁、16～18 周岁、18 周岁以上三个年龄阶段。用单摆为研究工具,调查了小学六年级(平均年龄 12.1 周岁)学生科学假设能力与陈述性知识的关系,结果发现,即使采用"探究教学"方式教授"单摆"知识,学生仍然难以提出合适的假设,说明小学六年级学生难以理解单摆的内容,即使他们具备单摆原理知识,但并不具备相应的溯因推理能力。用"一果多因"的问卷对具备相应陈述性知识的 16～18 周岁和 18 周岁以上两个年龄阶段的学生的调查表明,学生难以提出涉及微观表征的假设,18 周岁以上的学生在微观表征假设水平上要显著高于 16～18 周岁的学生,学生大多集中一个假设,难以提出多个假设,这个研究结论和劳森(Lawson,2003)的研究结果是一致的。

(4)用"反例"作为研究工具对相同年龄阶段不同学业成就的高中生、不同年龄阶段的大学生和高中生,相同年龄阶段学过与未学过相关陈述性知识的大学生的科学假设能力的现状进行了调查。由于本书没有制定科学假设能力评价的标准,而是将学生的科学假设能力分为科学假设的层级、写出假设依据的能力、利用证据的能力三个组成部分,这样做的目的是便于调查和评价。其中,科学假设的层级分为拒绝提出假设、错误的假设、直观假设、因果假设、抽象假设和其他;写出假设的科学知识或推理依据分为错误的知识或推理依据、知识或推理依据能支持假设、知识依据不能支持假设和其他;证据利用情况分为先决证据、推测证据、多样证据和其他。这些是根据学生的答题情况进行分类的,并根据这些分类来比较学生的假设能力、写出假设支持依据和证据利用的能力。结果发现,同一年龄阶段学业成就高的学生比学业成就低的学生更能提出高层级的假设,更能写出支持假设的依据;都未学过相关陈述性知识的不同年龄阶段的学生提出假设的层级并无多大差异,18 周岁以上的学生更能写出支持假设的合理依据;在同一年龄阶段,学过相关陈述性知识的 18 周岁以上的学生更能提出抽象(微观表征)假设,更能写出支持假设的合理依据。各类学生利用证据的能力都很差,且互相之间没有差异。在各类学生中,能提出与证据和支持假设依据相互一致的科学假设的学生极少。

(5)如何培养学生的科学假设能力,我国学者也发表了相关文章,但基本上是经验之谈,很少有相关的研究支持。根据科学假设能力的构成要素和结构模型,本书归纳出科学假设能力培养的教学策略,包括选择适合学生提出假设的探究问题和课程内容,注意问题情境与学生经验情境的相似度;尽量让学生经历深层次的假设思维活动;加强科学解释教学,使学生形成结构化知识;增强提取知识的能力。基于建构主义、脑科学等理论,本书提出了学生科学假设形成和科学假设论证的教学模式。

(6)如何使探究教学体现真实的科学研究,这一直是科学教育研究者的课题。传统的探究教学过于注重形式,缺乏科学假设形成与论证的活动。为此,本书对科学假设形成和论证教学进行了实验研究,并与简单探究教学进行了比较。结果发现,简单探究教学虽然能提高学生科学假设的层级,但学生利用证据、写出假设合理支持依据方面的能力没有得到提高,而科学假设形成和论证教学不但更能提高学生科学假设的层级,而且极大地提高了学生利用证据、写出假设合理依据的能力,学生更能协调假设、证据和支持假设依据三者的一致性。

二、本书的不足

(1)没有制定科学假设能力评价标准。由于能力有限,没有制定科学假设能力的评价标准,而是将学生的科学假设、利用证据和理论依据的能力分成不同类别,虽然这样做有其科学性,但并不能全面反映学生科学假设能力的状况。

(2)在研究学生科学假设能力的影响因素和发展现状方面,没有比较不同性别、不同家庭经济条件、不同类型的学校的学生科学假设能力的情况,而是把影响因素选择为年龄、学业成就、相关知识储备这些大的方面,导致研究不够全面。对学过与未学过相关陈述性知识的大学生科学假设能力进行调查的研究也存在一些缺陷,比如没有对学过相关陈述性知识的学生进行陈述性知识的测试,可能对结论会造成一定的误差。

(3)在教学研究方面,对科学假设论证学习进程并未结合教学实际详细研究。在实验研究方面,仅选择 12 位学生作为被试进行研究,实验组和对比组各 6 人,研究对象选择过少。另外,实验时间也仅为 40 分钟(除去对实验组的培训时间),虽然研究结论明确,但还是缺乏说服力。

总之,由于笔者能力有限,研究还存在各方面的不足,希望在今后的研究中弥补这些缺陷。

参考文献

一、中文部分

[1] B. N. 戈什. 科学方法讲座[M]. 李醒民,译. 西安:陕西科学技术出版社,1992.

[2] 白坛. 质的研究指导[M]. 北京:教育科学出版社,2002.

[3] 彼得·利普顿. 最佳说明的推理[M]. 郭贵春,王航赞,译. 上海:上海科技教育出版社,2007.

[4] 彼得·西斯. 星际信使[M]. 舒杭丽,译. 南昌:二十一世纪出版社,2009.

[5] 毕华林,黄婕. 国外关于化学学习水平的界定与研究进展[J]. 全球教育展望,2007(1):90-96.

[6] 波利亚. 数学与猜想[M]. 李志尧,王日爽,李心灿,译. 北京:科学出版社,2006.

[7] 波普尔. 科学发现的逻辑[M]. 查汝强,邱仁宗,译. 北京:科学出版社,1986.

[8] 陈丽娟,蔡亚萍. 漫步在科学的阶前——发展学生猜想与假设能力的策略探究[J]. 广西教育学院学报,2006(2):40-43.

[9] 陈向明. 教师如何做质的研究[M]. 北京:教育科学出版社,2001.

[10] 楚明锟. 形成科学假说的逻辑推理之我见[J]. 学术探索,1999(3):24-27.

［11］David A. Sousa. 脑与学习［M］. 董奇，译. 北京：中国轻工业出版社，2005.

［12］戴振华. 如何让学生作好假设——解读小学科学探究中的假设环节［J］. 上海教育科研，2004(6)：19-21.

［13］董奇. 论元认知［J］. 北京师范大学学报（社会科学版），1989(1)：68-74.

［14］杜永平. 创造思维与创造技法［M］. 北京：北京交通大学出版社，2003.

［15］恩格斯. 自然辩证法［M］. 编译局，译. 北京：人民出版社，1971.

［16］范安平，彭春妹. 教育应用心理学［M］. 武汉：武汉大学出版社，2003.

［17］方轻. 论科学证据［D］. 厦门：厦门大学，2008.

［18］汉斯-格奥尔格·伽达默尔. 真理与方法［M］. 洪汉鼎，译. 上海：上海译文出版社，1999.

［19］高冠新. 科学问题、科学事实及其辩证关系［J］. 湖北社会科学，2003，(4)：65-66.

［20］高嵩，洪正平，王其超. 科学研究中的科学解释［J］. 山东师范大学学报（人文社会科学版），2009(6)：131-134.

［21］高文. 人是这样学习的——有关学习研究对象的拓展［J］. 全球教育展望，2005(11)：45-49,38.

［22］美国国家研究理事会. 美国国家科学教育标准［S］. 戢守志，译. 北京：科学技术文献出版社，1999.

［23］何克抗. 建构主义——革新传统教学的理论基础［J］. 电化教育研究，1997(3)：3-9.

［24］贺善侃. 论灵感思维的逻辑规律和机制［J］. 杭州师范大学学报（社会科学版），2009，31(6)：34-38.

［25］卡尔·G. 亨普尔. 自然科学的哲学［M］. 张华夏，译. 北京：中国人民大学出版社，2006.

［26］洪振方. 从库恩范例的认知与论证探讨科学知识的重建［D］. 台北：台湾师范大学，1994.

［27］胡竹菁. Johnson-Laird 的心理模型理论述评［J］. 心理学探新，2009，29

（4）:23 – 29.

[28] 黄金南,彭纪南,杨长桂.科学发现与科学方法[M].武汉:华中工学院出版社,1983.

[29] 黄柏鸿,林树声.论证教学相关实证性研究之回顾与省思[J].科学教育月刊,2007(302):5 – 20.

[30] 靳玉乐.探究学习论[M].重庆:西南师范大学出版社,2001.

[31] 卡尔·波普尔.猜想与反驳:科学知识的增长[M].傅季重,纪树立,周昌忠,等译.上海:上海译文出版社,2005.

[32] 卡尔·波普尔.客观知识:一个进化论的研究[M].舒伟光,卓如飞,周柏乔,等译.上海:上海译文出版社,1987.

[33] 赖欣巴哈.科学哲学的兴起[M].伯尼,译.北京:商务印书馆,1966.

[34] 雷良.科学发现的本质及其逻辑机制的再发现[J].自然辩证法研究,2006,22(7):18 – 22.

[35] 李春密,梁洁,蔡美洁.中学生科学探究能力结构模型初探[J].课程·教材·教法,2004(6):86 – 90.

[36] 李红,郑持军,高雪梅.推理方向与规则维度对儿童因果推理的影响[J].心理学报,2004,36(5):550 – 557.

[37] 李兰春,王双成,王辉.认知结构分析与训练方法探索[J].东北师范大学学报(哲学社会科学版),2011(6):225 – 227.

[38] 李奇云.关于中学生猜想与假设思维活动的初步研究[D].桂林:广西师范大学,2005.

[39] 李铁强.科学发现的逻辑:是归纳演绎还是假说演绎[J].科学技术与辩证法,2006,23(2):40 – 43,98,110.

[40] 李艳梅.科学哲学视域下反映真实科学的理科教学策略研究[D].长春:东北师范大学,2009.

[41] 廖焜熙.理化科学要领及过程技能之研究回顾与分析[J].科学教育月刊,2001(238):2 – 11.

[42] 廖廷弼.假说的形成、评价和选择[J].广西民族学院学报,1996(2):76 – 79.

[43] 林燕文,洪振方.对话论证的探究对促进学童科学概念理解之探讨[J].花莲教育大学学报,2007(24):139 - 177.

[44] 刘大春.科学哲学[M].北京:中国人民大学出版社,2006.

[45] 刘电芝,王秀丽.国外关于群体认知过程的研究——合作学习研究的新思路[J].全球教育展望,2008,37(3):41 - 45.

[46] 刘剑锋.中学生猜想与假设质量及其影响因素的初步研究[D].桂林:广西师范大学,2008.

[47] 刘柳.化学教学中培养学生猜想与假设能力的教学策略研究[D].桂林:广西师范大学,2006.

[48] 刘献君.教育研究方法高等讲座[M].武汉:华中科技大学出版社,2010.

[49] 刘新宇,马胜利.铝与稀酸反应的实验探究[J].教学仪器与实验,2003(12):7 - 8.

[50] 刘洋,蔡敏."BEAR 评估系统":美国学生学业评价的新框架[J].外国教育研究,2009(11):40 - 44.

[51] 罗伯特·索尔所,奥托·麦克林,金伯利·麦克林.认知心理学[M].邵吉芳,李林,徐媛,等译.上海:上海人民出版社,2008.

[52] 罗纳德·G.古德.儿童如何学科学:概念的形成和对教学的建议[M].张东海,译.北京:人民教育出版社,2005.

[53] "科学探究性学习的理论与实验研究"课题组.探究学习:含义、特征及核心要素[J].教育研究,2001(12):52 - 56.

[54] 罗筑华,罗星凯.中学生科学假设质量评价量表的制定[J].教育科学,2008,24(3):83 - 87.

[55] 洛伦佐·玛格纳尼.发现和解释的过程:溯因、理由与科学[M].李大超,任远,译.广州:广东人民出版社,2006.

[56] 马尔切洛·佩拉.科学之话语[M].成素梅,李洪强,译.上海:上海科技教育出版社,2005.

[57] 美国国家科学基金会与人力资源部中小学及校外教育处.探究:小学科学教学的思想、观点与策略[M].北京:人民教育出版社,2003.

[58] 孟献华.基于化学史教学的理论与实践研究[D].南京:南京师范大学,2011.

[59] N.R.汉森.发现的模式[M].邢新力,周沛,译.北京:中国广播出版社,1988.

[60] 邱江,张庆林.假言推理中的概率效应[J].心理科学进展,2004,12(4):505-511.

[61] 荣小雪,赵江波.产褥热病原发现的方法论模型研究[J].科学文化评论,2011,8(4):66-79.

[62] 邵志芳.思维心理学[M].上海:华东师范大学出版社,2002.

[63] 戴尔·H.申克.学习理论:教育的视角[M].韦小满,等译.南京:江苏教育出版社,2003.

[64] 沈德立.学习与大脑[M].天津:天津科学技术出版社,2008.

[65] 施良方.学习论[M].北京:人民教育出版社,1994.

[66] 斯宾诺沙.笛卡尔哲学原理[M].王荫庭,洪汉鼎,译.北京:商务印书馆,1980.

[67] 孙伟平.关于假说的形成过程、方法及原则的探讨[J].北方工业大学学报,1999(2):34-42.

[68] 鲍翠萍.谈科学课中的假设教学[J].中小学教材教学,2004(3):69-70.

[69] 檀俊.初一生物教学中学生"假设能力"培养的实验研究[D].桂林:广西师范大学,2007.

[70] 唐小为,丁邦平."科学探究"缘何变身为"科学实践"?——解说美国科学教育框架理念的首位关键词之变[J].教育研究,2012(11):141-145.

[71] 唐小为,李佳,宋乃庆.课堂科学辩论实施探究——以中美中小学科学课堂案例比较分析为例[J].课程·教材·教法,2012,32(5):105-110.

[72] 瓦托夫斯基.科学思想的概念基础[M].范贷年,译.北京:求实出版社,1989.

[73] 王滨.超越逻辑[M].上海:科学普及出版社,2000.

[74] 王华平,盛晓明.社会建构论的三个思想渊源[J].科学学研究,2005,

23(5):592－596.

[75]王均霞,吴格明."理解性教学"研究的哲学反思[J].河北师范大学学报(教育科学版),2012,14(8):72－73.

[76]王晶莹.中美理科教师对科学探究及其教学的认识[D].上海:华东师范大学,2009.

[77]王磊.科学学习与教学心理学基础[M].西安:陕西师范大学出版社,2002.

[78]王平.科学哲学与物理探究建模[M].济南:山东教育出版社,2006.

[79]王前.假说和理论[M].沈阳:辽宁人民出版社,1987.

[80]王甦.认知心理学[M].北京:北京大学出版社,1992.

[81]王婷婷,莫雷.因果模型在类比推理中的作用[J].心理学报,2010,42(8):834－844.

[82]王星桥,米广春.论证式教学:科学探究教学的新图景[J].中国教育学刊,2010(10):50－52.

[83]夏代云.创造性溯因推理与科学发现——以现代原子模型的早期发展为例[J].自然辩证法研究,2008,24(7):27－32.

[84]肖刚.教学策略的内涵及结构分析[J].高等师范教育研究,2000,12(5):48－52.

[85]谢鸿昆.科学的问题[J].科学技术与辩证法,2007,24(1):14－18,110.

[86]徐慈华,李恒威.溯因推理与科学隐喻[J].哲学研究,2009(7):94－99,129.

[87]徐卫国.评当代西方科学哲学家的科学发现观[J].湖北大学学报(哲学社会科学版),2004,31(3):281－284.

[88]徐学福.模拟视角下的探究教学研究[D].重庆:西南师范大学,2003.

[89]许应华,徐学福.论科学假设能力的结构与培养[J].课程·教材·教法,2012,32(4):86－91.

[90]许应华.当前高中生科学信念系统开放程度的调查研究[J].教学与管理,2008(6):60－61.

［91］许应华.高中生提出假设的质量水平的调查研究［J］.上海教育科研, 2007（7）:45 - 47.

［92］许应华.现阶段高中生化学猜想与假设能力的调查研究［D］.桂林:广西师范大学,2005.

［93］阎金铎.科学教育研究［M］.合肥:安徽教育出版社,2004.

［94］杨德荣.漫话科学假说［M］.沈阳:辽宁人民出版社,1982.

［95］杨燕,郭玉英,魏昕,等.高师理科教学与学生科学推理能力的培养 ［J］.教育学报,2010,6（2）:42 - 47,53.

［96］姚蕾,吴昱,何永红,等.关于高一学生化学探究能力的调查及思 考——高中化学课程探究性学习的方法和途径研究课题初报［J］.化学教育, 2004,25（7）:45 - 48.

［97］衣敏之.几种探究式教学模式的研究［J］.化学教学,2004（3）:3 - 6.

［98］殷蕊.从猜想到假设——试析科学探究过程中猜想与假设的关系［J］. 中小学教学研究,2007（1）:40 - 42.

［99］应向东.“科学探究”教学的哲学思考［J］.课程·教材·教法,2006, 26（5）:64 - 68.

［100］于祺明.对科学发现推理的再认识［J］.自然辩证法研究,2002,18 （10）:18 - 22.

［101］于祺明,汪馥郁.科学发现模型论［M］.北京:中央民族大学出版 社,2006.

［102］余振球.维果茨基教育论著选［M］.北京:人民教育出版社,2005.

［103］袁维新.科学发现过程与本质的多元解读［J］.科学学研究,2008,26 （2）:249 - 254.

［104］约翰.杜威.民主主义与教育［M］.王承绪,译.北京:人民教育出版 社,2001.

［105］约翰.杜威.我们怎样思维［M］.姜文闵,译.北京:人民教育出版 社,2005.

［106］曾楚清.探究式课堂教学的几个误区及其纠正策略［J］.学科教育, 2004（2）:24 - 27.

167

［107］张大昌.新课程理念与初中物理课程改革［M］.长春:东北师范大学出版社,2002.

［108］张红霞.科学究竟是什么［M］.北京:教育科学出版社,2003.

［109］张庆林,司继伟,王卫红.小学儿童假设检验思维策略的发展［J］.心理学报,2001,33(5):431－436.

［110］张旺.科学创造和科学素质培养［J］.教育研究,1999(10):17－22.

［111］张义生.论求解思维的逻辑操作［J］.江苏社会科学,2007(3):22－25.

［112］章士荣.科学发现的逻辑［M］.北京:人民出版社,1986.

［113］郑青岳.学生与科学家之间探究的差异及其对教学的启示［J］.教学月刊(中学版),2012(2):3－4.

［114］中华人民共和国教育部.普通高中物理课程标准(实验)［S］.北京:人民教育出版社,2003.

［115］中华人民共和国教育部.科学(3～6年级)课程标准(实验稿)［S］.北京:北京师范大学出版社,2001.

［116］钟媚,苏咏梅.模型建构式探究:科学教学改革的新路向［J］.外国教育研究,2012(10):42－49.

［117］周林东.科学哲学［M］.上海:复旦大学出版社,2004.

［118］周仕东.科学哲学视野下的科学探究教学研究［D］.长春:东北师范大学,2008.

［119］周耀烈.创造理论与应用［M］.杭州:浙江大学出版社,2000.

［120］朱宝荣.现代心理学原理与应用［M］.上海:上海人民出版社,2002.

二、外文部分

［1］Anderson J R. Cognitive psychology and its implications［M］. 4th ed. New York: Freeman and Company,1995.

［2］Alberts B,Labov J. From the national academics:teaching the science of e-volution［J］. Cell Biology Education,2004,3(2):75－80.

[3] American Association for the Advancement of Science(AAAS). Science for all American:a project 2061 report on goals in science,mathematics,and technology [R]. Washington,DC:AAAS,1989.

[4] Aufschnaiter V, Erduran C, Osborne J, et al. Arguing to learn and learning to argue: case studies of how students'argumentation relates to their scientific knowledge [J]. Journal of Research in Science Teaching, 2008,45(1):101 – 131.

[5] Berland L K,Reiser B J. Classroom communities'adaptations of the practice of scientific argumentation[J]. Science Education,2011,95(2):191 – 126.

[6] Berland L K. ,McNeill K L. A Learning progression for science argumentation: understanding student work and designing supportive instructional contexts [J]. Science Education,2010,94(5):765 – 793.

[7] Chinn C A,Brewer F. The role of anomalous data in knowledge acquisition:A theoretical framework and implications for science in instruction[J]. Review of Educational Research,1993,63(1):1 – 49.

[8] Chi, M. Conceptual change within and across ontological categories: implications for learning and discovery in science[M]//Giere R. Minnesota studies in the philosophy of science: cognitive models of science Minneapolis: University of Minnesota Press, 1992.

[9] Chown M. The magic furnace: The search for the origin of atoms[M]. New York: Oxford University Press,2001.

[10] Clark A C, Betina A M. Epistemologically authentic inquiry in schools: a theoretical framework for evaluating inquiry tasks[J]. Science Education,2002,86(2):175 – 218.

[11] Diamond A. The development and neural bases of inhibitory control in reaching in human infants and infant monkeys[M]//Diamond A. The development and neural basis of higher cognitive functions. New York: Academy of Sciences,1990.

[12] Driver R, Newton P, Osborne J. Establishing the norms of scientific argumentation in classroom[J]. Science Education, 2000,84(3):287 – 312.

[13] Duschl R A, Osborne J. Supporting and promoting argumentation discourse in science education [J]. Studies in Science Education, 2002, 38 (1): 45 - 52.

[14] Erduran S, Jimenez-Aleixandre M. Argumentation in science education [M]. New York: Springer, 2008.

[15] Flavell J H. Metacognitive aspects of problem solving [M] // Resnick L B. The nature of intelligence Hillsdale, NJ: Erlbaum, 1976.

[16] Frederiksen N. Development of provisional criteria for the study of scientific creativity [C]. The Annual Meeting of American Educational Research Association, 1973.

[17] Giere R N. Explaining science: a cognitive approach [M]. Chicago: University of Chicago Press, 1988.

[18] Herrenkohl L, Palincsar A, Dewater L, et al. Developing scientific communities in classrooms: a sociocognitive approach [J]. The Journal of Learning Sciences, 1999, 8(3 - 4):451 - 493.

[19] Hoovere S M, Feldhusen J F. The scientific hypothesis formulation ability of gifted ninth-grade students [J]. Journal of Educational Psychology, 1990, 82(4): 838 - 848.

[20] Inhelder B, Piaget J. The growth of logical think from childhood to adolescence [M]. London: Rout ledge and Paul, 1998.

[21] Jeong J. Development of the triple abduction model and its application to scientific hypothesis generation [D]. Unpublished Doctoral Dissertation. Cheong won, Chungbuk: Korea National University of Education, 2004.

[22] Liang J C. Exploring scientific creativity of eleventh grade students in Taiwan [D]. Unpublished Doctoral dissertation, University of Texas at Austin, 2002.

[23] Jimenez-Aleixandre M, Rodriguez A, Duschl R. "Doing the lesson" or "doing science": argument in high school genetics [J]. Science Education, 2000, 84 (6):757 - 792.

[24] Johnson-Laird P N. How we reason [M]. New York: Oxford University

Press,2006.

[25] Johnson – Laird P N, Byrne R M J. Deduction[M]. Hillsdale, NJ: Erlbaum, 1991.

[26] Joiner R, Jones S. The effects of communication medium on argumentation and the development of critical thinking[J]. International Journal of Educational Research,2003,39(8):861 – 871.

[27] Karmiloff–Smith A,Inhelder B. If you want to get ahead,get a theory [J]. Cognition,1975, 3(3):195 – 212.

[28] Karplus R, Karplus E, Formasino M, et al. A survey of proportional reasoning and control of variables in seven countries[J]. Journal of Research in Science Teaching, 1977,14(5):411 – 417.

[29] Klahr D. Exploring science[M]. Cambridge MA:MIT Press,2000.

[30] Klayman J, Ha Y W. Hypothesis testing in rule discovery: strategy,structure,and content[J]. Journal of Experimental Psychology: Learning Memory, and Cognition, 1989,15(4):596 – 604.

[31] Kosslyn S M, Koenig O. Wet mind: the new cognitive neuroscience[M]. New York:The Free Press,Macmillan Inc, 1995.

[32] Kuhn D. A developmental model of critical thinking[J]. Educational Researcher, 1999,28(2):16 – 26.

[33] Kuhn D, Pearsall S. Developmental origins of scientific thinking[J]. Journal of Cognition and Development,2000,1(1):113 – 129.

[34] Kuhn D. Science as argument: implications for teaching and learning scientific thinking[J]. Science Education, 1992,77(3):319 – 337.

[35] Kuhn D, Udell W. The developmemt of argument skills [J]. Child Development, 2003, 74(5):1245 – 1260.

[36] Kuhn D. How do people know? [J]. Psychological Science, 2001,12(1):1 – 8.

[37] Lawson A E. Science teaching and the development of thinking [M]. CA: Wads worth Publishing Company,1995.

[38] Lawson A E. The nature and development of hypotheticopredictive argumentation with implications for science teaching[J]. International Journal of Science Education, 2003, 25(11): 1387 – 1408.

[39] Lawson A E. Science teaching and development of thinking[M]. CA: Wadsworth Publishing Company, 1995.

[40] Lawson A E, Clark B, Cramer–Meldrum E. Development of scientific reasoning in College Biology: Do two levels of general hypothesis-testing skills Exist? [J]. Journal of Research in Science Teaching, 2000, 37(1):81 – 101.

[41] Lawson A E. The development of reasoning among college biology students [J]. Journal of College Science Teaching, 1992, 21:338 – 344.

[42] Bao L, Cai T F, Koenig K, et al. Learning and scientific reasoning[J]. Science, 2009, 323(5914):586 – 587.

[43] Lipton P. Inference to the best explanation[M]. 2nd ed. London and New York: Routledge, 2004.

[44] McNeill K L, Lizotte D J, Krajcik J, et al. Supporting students' construction of scientific explanations by fading scaffolds in instructional materials[J]. Journal of the Learning Science, 2006, 15 (2):153 – 191.

[45] Metz K E. Scientific inquiry within reach of young children[M] // Fraser B J, Tobin K G. International handbook of science education: learning. Netherlands: Kluwer Academic Publishers, 1998.

[46] National Research Council. A framework for K – 12 science education: practices, crosscutting concepts, and core ideas[S]. Washington, DC: The national academies press, 2011.

[47] National Research Council. Inquiry and the national science education standards[S]. Washington, DC: National Academy Press, 2000.

[48] Nersessian N. The cognitive basis of model – based reasoning in science [M] // Carruthers P, Stich S, Siegal M. The cognitive basis of science Cambridge. UK: Cambridge University Press, 2002.

[49] Newton P, Driver R, Osborne J. The place of argumentation in the peda-

gogy of school science[J]. International Journal of Science Education,1999, 21 (5), 553 – 576.

[50] Nussbaum M E. Scaffolding argumentation in the social studies classroom [J]. Social Studies, 2002,93(3): 79 – 83.

[51] Osborne J F, Erduran S, Simon S. Enhancing the quality of argumentation in school science[J]. Journal of Research in Science Teaching, 2004,41 (10): 994 – 1020.

[52] Paavola S. Abduction through grammar, critic and methodeutic. Transactions of the charles[J]. Peirce Society, 2004, 40 (2): 245 – 270.

[53] Peirce C S. Collected papers of charles sanders peirce [C]. Cambridge, MA: Harvard University Press, 1961.

[54] Perkins D N,Grotzer T A. Dimensions of causal understanding: the role of complex causal models in students'of science [J]. Studies in Science Education, 2005,41(1): 117 – 165.

[55] Phillips L M. Bridging the gap between the language of science and the language of school science through the use of adapted primary literature[J]. Research in Science Education, 2009,39:313 – 319.

[56] Quinn M E,George K D. Teaching hypothesis formation [J]. Science Education, 1975,59(3):289 – 296.

[57] Reiser B J. Scaffolding complex learning:the Mechanism of structuring and problematizing student work [J]. Journal of the Learning Science,2004,13 (3): 273 – 304.

[58] Sadler T D, Fowler S R. A threshold model of content knowledge transfer for socioscientific argumentation[J]. Science Education, 2006, 90 (6):986 – 1004.

[59] Samarapungavan A, Wiers R W. Children's thoughts on the origin of species: a study of explanatory coherence [J]. Cognitive Science, 1997, 21 (2): 147 – 177.

[60] Sandoval W A,Millwood K. The quality of students'use of evidence in written scientific explanations[J]. Cognition and Instruction,2005, 23(1), 23 – 55.

[61] Schraw G, Dennison R S. Assessing metacognitive awareness [J]. Contemporary Educational Educational Psychology,1994,19(4):460 -475.

[62] Toulmin S. The uses of argument[M]. Cambridge, England: Cambridge University Press, 1958.

[63] Wason P C. On the failure to eliminate hypothese in a conceptual task [J]. Quarterly Journal of Experiment psychology,1960,12(3):129 - 140.

[64] Kwon Y J. Roles of abductive reasoning and prior belief in children's generation of hypotheses about pendulum motion[J]. Science & Education,2006, 15:643 -656.

[65] Zohar A, Nemet F. Fostering students' knowledge and argumentation skills through dilemmas in human genetics [J]. Journal of Research in Science Teaching, 2002, 39(1):36 - 62.

附　录

附录1　《单摆运动》知识的调查

年龄：_____　　　班级：_____　　　性别：_____

亲爱的同学们：

为了了解当前中学生的能力情况，以便改进教学，我们正在进行一项调查研究，请您配合我们完成下面的问卷。本问卷只用于科学研究，不是考核您的学习好坏，对您不会产生任何不利影响，且我们对您的答卷情况保密。

问卷一

小明和小华各有一个单摆，在使用过程中他们发现小华的单摆比小明的摆得快些，他们决定测量两个单摆的速度，他们用相同的方法测量了多次，下面是测量的结果。

单摆	周期（10 个来回）
小明的	30 秒
小华的	25 秒

为什么小华的单摆比小明的摆得快些？请您猜一猜是什么影响了两个单摆的摆动速度？您可以写出多个猜想。

问卷二

（单选）在这个实验中,小球从 A 穿过 B 到达 C 再回到 A,这样一个完整的过程所花的时间称为单摆的周期,什么原因会导致单摆的周期增长或缩短?

A. 角度　　　　B. 长度　　　　C. 小球质量　　　　D. 不知道

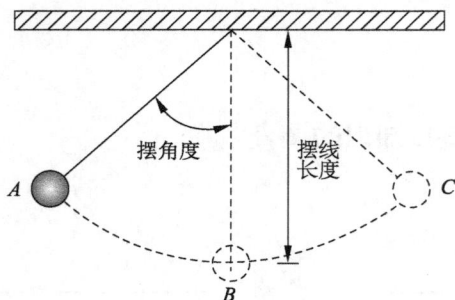

附录2 《单摆的研究教学》教案

一、教学目标

知识与技能:知道单摆的摆动周期与摆线的长度有关。

过程与方法:初步掌握控制变量的方法,初步学会数据处理方法,对假设有初步认识。

情感态度价值观:初步意识到反复测量是获得精确测量结果的必要手段。

二、教学难点

通过小组合作,尝试自行设计对比实验,研究出摆的快慢与摆锤的质量、摆角的大小无关,只与摆线的长度有关。初步学会分析和推理对比试验中的定变量关系,并学会设计控制一个变量的实验。

三、教具准备

铁架台、线绳、钩码、记录表、秒表、直尺。

四、教学活动

(一) 引入:了解单摆的结构,直接揭示课题

师:(出示单摆)同学们,知道这是什么吗?

生:钟摆(摆)。

师:对,这种简单的机械叫作单摆,单摆是由哪几部分组成的?

生:重物、线和铁架台。

师:单摆上的重物叫作摆锤(板书),线叫作摆线(板书),单摆由摆锤和摆线两部分组成,铁架台只是固定单摆的仪器。怎样才算摆动一次呢? 摆动周期和哪些因素有关呢? 今天我们就一起来进行摆的研究(板书)。

(二) 讲解

1. 了解摆动次数记录方法

师:怎样才算摆动一次呢?

生:(猜测)……

师:真棒,描述得很清楚,摆锤从这里开始,摆过去摆回来是一个周期(演示)。现在大家知道怎样计算摆的周期了吗? 下面我们一起来数一数这个单摆15 秒内可以摆多少次? 请一位同学来计时,再请一位同学按照刚才老师的方法操作。其他同学一起数一数。开始!

(学生观看演示)

2. 自己组装单摆,练习计数方法

师:我们已经知道了单摆的结构,以及怎样来为单摆计数。你们想不想自己组装一个单摆,也记录一下自己的单摆15 秒能摆动多少次呢?

177

生:想!

师:请各小组组装一套单摆,测量你们的单摆15秒内的摆动周期,测量三次,把测量出的数据填写在记录表第一横排。清楚了吗? 那么开始吧!

(学生活动)

师:下面请各小组说说你们的数据。

(学生交流数据,教师注意倾听,并且引导学生对同一小组的、差距较大的数据提出质疑)

师:经过刚才各个小组的汇报,你们有什么发现?

生:每个组的数据都不一样。

师:都是摆15秒,为什么每个小组的摆动周期不一样呢? 你们认为影响摆动周期的因素有哪些呢?

3. 探究影响摆动周期的因素

生:摆锤的质量、摆线的长短、摆动的角度。

师:这么多猜测! 你对哪个猜测感兴趣?

生:我最感兴趣的是改变摆锤,看摆动的周期会不会变化。

师:你打算怎样来做这个实验呢?

生:用一个重的摆和一个轻的摆看它们的周期是不是一样?

师:嗯,真聪明,他提到了我们科学中经常用的一个方法——对比实验,我们怎么做才公平呢? 摆锤的质量已经改变了。

生:摆线的长度要一样。(板书)

师:考虑得真仔细,还有吗?

生:摆动的角度要不变。(板书)

师:真聪明,今天我们的实验就改变钩码的数量来改变摆锤的质量,第一次用一个钩码,第二次用两个钩码,第三次用三个钩码,各摆动15秒,测量三次,将摆动周期的个数填写在记录表上。

(学生实验,交流实验数据)

师:通过数据我们发现,改变摆锤质量不能改变摆动周期。

(改变摆线长度或者摆动角度)

师:我们想要知道摆长会不会影响周期,对照黑板上改变的条件和不变的条件,大家想一想做研究摆长的实验时改变和不变的条件是什么?

生:改变摆线的长度,不变的是摆的质量和摆的角度。

师:真聪明,马上就能举一反三,这位同学说得很对,这个实验要改变的是摆线的长度,我们分别测试摆线为 5 厘米、10 厘米和 15 厘米时单摆摆动的周期个数,看看它们是否相同。

师:那么我们要研究摆的角度会不会影响摆的周期,该怎么做,谁能来完整地说一说?

生:……

师:真棒,下面每个小组动起来,按照我们制订的实验计划,研究什么因素对单摆的周期有影响。还要提醒小组分工合作,记录科学数据,实验时轻声细语,开始!

(学生实验,教师指导,实验数据汇报)

师:通过实验我们发现影响摆动周期变化的最关键因素是什么?

生:摆线的长度。

师:摆的周期也就决定了摆的快慢,摆动得快的单摆摆线短,摆动得慢的单摆摆线长。

五、总结

师:通过这节课,我们知道了单摆摆动的周期其实与摆锤质量、摆动角度等都没有关系,只有摆长才会影响单摆的周期。

附录 3　科学假设能力的调查

年龄:＿＿＿＿＿　　　　班级:＿＿＿＿＿　　　　性别:＿＿＿＿＿

亲爱的同学们:

为了了解当前中学生的能力情况,以便改进教学,我们正在进行一项调查研究,请您配合我们完成下面的问卷。本问卷只用于科学研究,不是考核您的学习好坏,对您不会产生任何不利影响,且我们对您的答卷情况保密。

问卷一　假设能力的调查

在蜡烛的底部用黏土将其竖直固定在盛有水的水槽中,然后点燃蜡烛,再用一个倒扣的玻璃杯罩住,压入水中。蜡烛熄灭后,为何杯子里的水面上升? 实验过程见下图。为何会出现这种现象? 请你尽可能多地提出假设,并说明每个假设的根据。

将空烧杯罩在燃烧的蜡烛上,导致水面上升的现象

问卷二　陈述性知识测试

请将正确的选项填在括号里。

(1)将点燃的蜡烛放在盛满氧气的集气瓶中,蜡烛将(　　)。

A. 燃烧更旺　　　　　B. 蜡烛熄灭　　　　　C. 现象不变

(2)蜡烛在空气中燃烧,消耗氧气的体积与生成二氧化碳的体积(　　)。

A. 相同　　　　　　　B. 不同

(3)当燃烧消耗密闭容器中空气中的氧气时,容器中压强将变(　　)。

A. 大　　　　　　　　B. 小

(4)将盛有二氧化碳的试管倒扣入盛有水的烧杯,试管里的水面将(　　)。

A. 上升　　　　　　　B. 下降

(5)将一个试管加热后,倒扣入盛有水的烧杯中,冷却后,试管里面的水将(　　)。

A. 上升　　　　　　　B. 下降

附录4　关于铝与稀盐酸、稀硫酸反应原理假设的调查

年龄：＿＿＿＿＿＿　　班级：＿＿＿＿＿＿　　性别：＿＿＿＿＿＿

亲爱的同学们：

为了了解当前中学生的能力情况，以便改进教学，我们正在进行一项调查研究，请您配合我们完成下面的问卷。本问卷只用于科学研究，不是考核您的学习好坏，对您不会产生任何不利影响，且我们对您的答卷情况保密。

一次实验中，学生用纯净的铝片分别与相同 H^+ 浓度的稀盐酸和稀硫酸反应，发现铝片与稀盐酸反应时现象非常明显，而与稀硫酸几乎不反应。这与课本上的内容"铝能够与酸反应放出氢气"不符。

问题：为了探究铝片与稀盐酸和稀硫酸反应差异的原因，您对问题的答案能做出哪些猜测和解释？请您在下表中写出您认为合理的假设，并说明支持您假设的理由、证据。

示例：小明同学发现铜制眼镜框表面出现了绿色物质，通过化学学习知道该物质为铜锈，俗称铜绿，主要成分为 $Cu_2(OH)_2CO_3$。铜在什么情况下会生锈？

假设1：铜与水、二氧化碳共同作用导致生锈。支持理论：在化学反应中元素守恒。证据：① 绿色物质；② 铜锈的化学式 $Cu_2(OH)_2CO_3$。

我观察到的异常现象	铝片与氢离子浓度相同的稀盐酸反应时现象非常明显，而与稀硫酸几乎不反应	
我的假设	支持我的科学假设的理论或推理	现在看到的或我推测应得到的证据有
假设1：		
假设2：		

续表

我观察到的异常现象	铝片与氢离子浓度相同的稀盐酸反应时现象非常明显，而与稀硫酸几乎不反应	
我的假设	支持我的科学假设的理论或推理	现在看到的或我推测应得到的证据有
假设3：		
假设4：		
假设5：		

附录5　简单探究教学设计:"影响铝与稀盐酸、稀硫酸反应的因素的探究"

探究起因:在学习第八单元《金属的化学性质》时,学生分组探究"金属与稀盐酸、稀硫酸的反应"过程中,发现了这样一个问题:铝与稀盐酸反应产生气泡,而与稀硫酸反应却几乎看不到气泡产生,这是为什么呢? 为了解决这个问题,我们班的化学兴趣小组到实验室进行了一次探究活动。

我们的"探究之旅"主要分六个环节:发现问题、提出假设、实验验证、表达交流、获得结论。

【发现问题】

为何铝与稀盐酸反应快,而与稀硫酸几乎不反应?

【提出假设】

查阅有关铝的性质资料→提出假设并进行设计→请实验老师准备所需的药品及仪器。(由兴趣小组成员课前准备)

有关资料:氯离子会破坏铝的致密氧化膜结构;铝表面能够形成一层致密的氧化膜;金属氧化物可以和酸反应……

通过互相讨论,对比每个设计方案,小组交流猜想可能影响的因素,并将结论向教师汇报。教师对不合理的假设进行简单评价。

【实验验证】

根据实验用品,对比较合理的假设设计实验方案,并进行实验验证。主要验证以下假设:

1.硫酸中的氢离子浓度小于盐酸中的氢离子浓度。

2.铝表面的致密氧化膜有保护作用。

3.Cl^-对金属 Al 与 H^+ 的反应有促进作用,SO_4^{2-} 对金属 Al 与 H^+ 的反应有阻碍作用。

4.Cl^-对氧化膜与 H^+ 的反应有促进作用,SO_4^{2-} 对氧化膜与 H^+ 的反应有阻碍作用。

【表达交流】

各小组将实验现象与结论进行交流。

【获得结论】

通过以上实验与讨论,得出铝与稀硫酸反应慢的主要原因。

附录6　铝与酸反应的科学假设形成与论证教学案例

一、创设情境

教师:今天我们大家一起来模仿科学家做一次研究,好不好? 大家都知道金属与酸反应会产生氢气,下面我们来做这样一个实验。在稀盐酸和稀硫酸中分别放入铝片,结果发现,铝在稀硫酸中反应很慢,而在稀盐酸中反应迅速,这是为什么呢?

二、提出问题

为何金属铝与稀硫酸反应很慢,而与稀盐酸反应很快?

三、讲清探究规则

科学探究就是大家都可以针对问题提出自己的假设,然后对科学假设进行辩护、反驳、验证的活动。但提出假设必须要有证据支持(包含肯定证据和否定证据)和理论依据或有严密的逻辑推理,否则这个假设就是凭空猜测。一个学生提出的假设,其他的学生可以进行反驳。同样,反驳也要有证据支持、理论依据或逻辑推理。科学假设论证过程如下图所示。

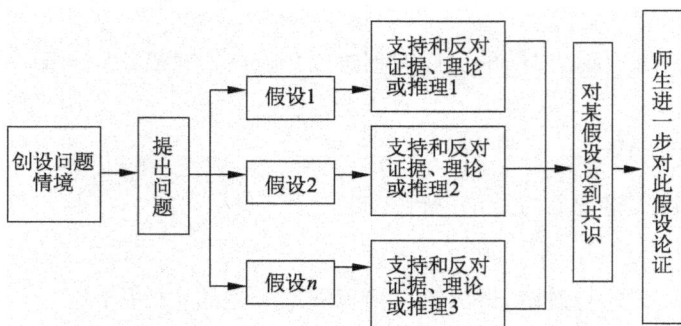

四、探究过程

教师活动	学生活动	备注
(先在黑板上分别用不同颜色的粉笔写上正方和反方)正、反方都要有证据、理论依据或推理。	(听)	分发科学假设论证表,学生按要求填写
(要求学生提出假设,问学生提出假设的依据或支持理论)	可能是铝片不纯,因为如果有杂质的话会影响反应速率。	
有谁支持或反对?反对或支持都要有证据或理论依据。	反对。根据推理,既然有杂质,那么放在盐酸中的铝片也有杂质,同样会受到影响。	
大家认为反对成立吗?	成立。	

教师活动	学生活动	备注
同学们还有什么假设？	是铝钝化的原因,因为铝容易钝化。	
这个同学说钝化阻碍了铝与氢离子的反应,铝的确很容易钝化,即使打磨过的铝片放在水溶液中都会很快钝化。有谁支持或反对这个假设？	反驳:放入盐酸中的铝也发生了钝化,但反应没有受到影响,钝化不是原因。	
这个同学说得很有道理,看来钝化的假设不成立。大家要大胆地提出假设,还有什么想法？	放的稀硫酸比稀盐酸的量少。	教师特意少放点稀硫酸
这个同学观察比较细,大家有无反对意见？	反驳:化学反应速度与反应物的溶度有关,而与反应物的体积无关。	
这个反驳大家支持吗？还无其他想法？理论依据呢？	支持。我认为放在稀硫酸中的铝片比稀盐酸中的体积小。证据是可以明显看到这个事实。理论依据:反应物间接触面积越大,化学反应速度越快。	教师特意在稀硫酸中放入体积较小的铝片(板书)
这个同学认为是放在稀硫酸中的铝片体积小,大家有无反对意见？	反驳:反应物之间的接触是指分子或原子之间的接触数量,而不是反应物的体积大小。	
这个同学的反对意见大家赞成吗？如果赞成,那么又是什么原因呢？	赞成。可能是稀硫酸的浓度比稀盐酸小,因为化学反应速度和反应物的浓度有关。	
大家有无反对意见？如果支持,这个假设如何验证？	严格来说,此反应速度只与两种酸溶液的氢离子浓度有关。可以配置两种相同氢离子浓度的稀盐酸和稀硫酸,再验证。	
将硫酸的浓度增大到 3 mol/L,再和 3 mol/L 盐酸与铝反应的实验进行对比试验。观察现象,引导学生得出结论。	氢离子的浓度对铝与酸反应的速度不起关键作用。	教师特意将稀硫酸的氢离子浓度大于稀盐酸中氢离子的浓度

教师活动	学生活动	备注
还有无其他的假设？	稀硫酸的温度较低,因为化学反应速度与温度有关。	
大家支持这个假设吗？	反驳:两种酸的温度应该是一样的,因为都是在室温下,没有加热。	
这个反对有效。看来外因都被我们排除了,现在只有考虑内因了。大家能否从两种酸溶液的离子种类来思考。	氯离子加快了铝与氢离子的反应,而硫酸根离子阻止了此反应的发生。	板书
你的理论依据是什么？大家支持这个假设吗？	根据推理,外因都排除了,而两种酸中的氢离子一样,只有氯离子和硫酸根离子不同。	板书
有谁支持这个推理？	这个推理逻辑比较严密。	
看来这个推理很正确,但这个假设还需要实验验证。如何设计实验？	取两支试管,分别装相同浓度的稀盐酸,都放入铝片,其中一支加入一定量的硫酸钠溶液。如果加入硫酸钠溶液的试管反应速度慢,则可以证明硫酸根离子有阻碍作用。	
大家是否支持这个实验设计？	支持,因为控制了稀盐酸浓度的变量,有对比实验。	
(做实验验证,引导学生观察)	(观察、记录、思考)	
大家得出什么结论？	两种溶液反应速度差不多,说明硫酸根离子对铝与氢离子的反应没有阻碍作用。	
刚才那位同学的假设已经很接近这个原因了。刚才提到即使打磨过的铝放在溶液中都容易发生钝化。那么请大家根据两种酸溶液和铝的性质再提出假设。	氯离子能破坏铝的氧化膜使氢离子直接与铝原子接触,而硫酸根离子却没有这种能力。这个假设的推理根据是外因都排除,内因的氢离子都相同,而铝又容易钝化。	板书
有谁支持或反对？能否设计实验验证？	将打磨过的铝分别放入稀盐酸和稀硫酸中,进行对比。	

续表

教师活动	学生活动	备注
这个同学的设计大家是否赞成？（进行实验）	赞成。（观察、思考）	
（引导学生得出结论）	铝与稀盐酸、稀硫酸反应现象之所以不同，是由于氯离子能破坏铝的氧化膜使氢离子直接与铝原子接触，而硫酸根离子却没有这种能力。	板书

附录7　科学假设形成与论证教学的提问表

预测性的问题	你认为这个现象是怎么一回事？请做出假设。 你希望的最后结果是什么？ 根据你的假设，你的预测结果将会是什么样子？ 你认为你对这个现象的预测是对的吗？ 你知道的是哪些？
理论性问题	为什么你会这样思考？ 你的理论依据是什么？ 是什么证据让你这样提出假设？ 为什么你会那样猜测这个现象？ 你喜欢你所提出的假设吗？
结果性问题	是什么帮助你发现你的结果的？ 你如何获得你所讲的这些结果？ 你的结果是什么？ 你认为是什么原因造成这样的结果？ 同组的同伴同意你所讲的这些结果吗？ 你希望什么样的结果发生？
关联预测性理论和结果发现的问题	哪些是你认为将会发生的，结果真的发生了？ 你在哪一个地方发现了你的理论？ 在你的理论和发现之间有什么关联？ 为什么是那个样子（或为什么不是那个样子）？ 你发现了什么新结果是你之前所没有看到的？ 你原先对这个现象的预测实现了吗？

附录8　科学假设论证表

我观察到的异常现象是什么？			
我是在哪里找到支持我的假设的理论的？	我的科学假设	我看到的证据有？	
			和我的假设一致
			和我的假设不一致
别人对我的假设的质疑有哪些？			
我认为他的说法是否合理？			
我最后的结论			

附录9　对比组经简单探究教学前后测的变化

学生编号	前测	后测
A1	错误假设:铝与硫酸发生多种反应。 理论:铝易钝化、稀硫酸有强氧化性。 证据:铝与稀硫酸反应速度慢。	错误假设:铝离子不易与硫酸根离子结合。 理论:硫酸铝中的硫酸根原子团多。 证据:铝与稀硫酸反应速度慢。
A1	拒绝假设:铝含有杂质。 支持理论:如含金属钡会与硫酸根离子形成沉淀。 证据:铝与稀硫酸反应速度慢。 错误假设:硫酸根离子浓度大于氯离子。 理论:反应自发理论。 证据:铝与稀硫酸反应速度慢。	因果假设:铝与稀硫酸反应生成复杂的化合物,阻碍反应进行。 支持理论:铝在硫酸中易钝化。 证据:铝与稀硫酸反应速度慢。
A2	直观假设:铝与稀硫酸接触面积小。 理论:接触面积大,反应速度快。 证据:放在稀硫酸中的铝片小。	因果假设:铝与稀硫酸反应温度低、放热少。 支持理论:温度高,反应速度快。 证据:试管温度较低。
A2	错误假设:铝片在高温时与稀盐酸反应速度快。 支持理论:温度高,反应速度快。 证据:铝在高温时与稀盐酸反应快。 错误假设:铝片纯度不同。 支持理论:纯铝反应更快。 证据:不同纯度的铝片反应速度不同。	直观假设:铝片体积大。 理论:体积大,与酸接触面积小。 证据:铝片体积大。 抽象假设:硫酸根离子抑制了铝与稀硫酸反应。 理论:某些离子会影响反应发生。 证据:若在稀硫酸中加入氯离子,反应速度会加快。
A3	错误假设:铝与一元酸反应快。 理论:盐酸是一元酸。 证据:铝与盐酸反应快。 因果假设:铝与盐酸反应放热多。 理论:温度越高,反应越快。 证据:铝与稀盐酸反应快。 因果假设:铝在稀硫酸中形成致密氧化膜。 理论:氧化膜的保护。 证据:铝与稀硫酸几乎不反应。	错误假设:铝与一元酸反应快。 理论:一元酸和二元酸性质不同。 证据:铝与稀盐酸反应快。 因果假设:铝在稀硫酸中形成致密氧化膜。 理论:氧化膜的保护。 证据:铝与稀硫酸几乎不反应。 抽象假设:氯离子促进反应。 理论:溶液中的离子对反应有影响。 证据:铝与盐酸反应快。

续表

学生编号	前测	后测
A4	因果假设:铝在稀硫酸中生成致密的氧化膜。 理论:铝在空气中很容易生成氧化膜。 证据:铝打磨后将反应缓慢。	抽象假设:氯离子促进反应。 理论:稀盐酸比稀硫酸更易反应。 证据:在稀硫酸中加入氯离子反应速度加快。
A4	其他假设:铝在稀硫酸中会产生抑制反应的物质。 理论:铝在稀硫酸中经长时间会反应。 证据:有反应,但很慢。	抽象假设:铝能与更多的稀盐酸接触。 理论:氯离子半径比硫酸根离子半径小。 证据:铝在稀硫酸中反应慢。 因果假设:同前测因果假设。
A5	错误假设:稀硫酸酸性太弱。 理论:铝的活泼性排在第五。 证据:铝溶解慢。	错误假设:盐酸的氧化性更强。 理论:盐酸的酸性更强。 证据:铝更易与其反应。
A5	错误假设:铝不活泼。 理论:氯的非金属性。 证据:稀盐酸中有大量气泡。	因果假设:氯离子可以促进反应。 理论:在稀硫酸中加入盐酸,反应明显。 证据:反应将会加快。
A5	因果假设:盐酸与铝反应放热多。 理论:盐酸有强氧化性。 证据:试管温度将更高。	因果假设:铝与盐酸反应放热多。 理论:温度越高,反应越快。 证据:试管温度将更高。
A6	错误假设:硫酸根离子比氯离子多,对其他离子运动有阻碍作用。 理论:分子间有引力和斥力。 证据:铝在盐酸中反应快。	因果假设:盐酸与铝反应放热多。 理论:温度高,反应快。 证据:铝在盐酸中比稀硫酸中反应快。
A6	因果假设:盐酸与铝反应放热多。 理论:温度高,反应快。 证据:铝在盐酸中比稀硫酸中反应快。	抽象假设:氯离子加快反应而硫酸根离子对反应有促进作用。 理论:催化剂可加快反应。 证据:铝在盐酸中反应快。
A6	抽象假设:氯离子加快反应而硫酸根离子对反应有促进作用。 理论:催化剂可加快反应。 证据:铝在盐酸中反应快。	抽象假设:铝易生成氧化膜,而氯离子比硫酸根离子更容易穿透氧化膜。 理论:活化分子产生的有效碰撞决定了反应的快慢。 证据:铝在盐酸中反应快。

附录 10　实验组教学前后测结果比较

学生编号	前测	后测
B1	错误假设:稀盐酸在水中电离度更大。 理论:稀盐酸为强电解质。 证据:铝在稀盐酸中反应更快。	因果假设:铝与稀盐酸反应放热多。 理论:温度越高,反应越快。 证据:① 用温度计测量反应后的稀盐酸的温度;② 给稀硫酸加热反应将加快。
B1	因果假设:稀盐酸与铝反应放热更多。 理论:试管的温度。 证据:无。	抽象假设:氯离子促进反应。 理论:氯离子半径小。 证据:① 铝与硫酸反应速度慢;② 在稀硫酸中加入少量稀盐酸,反应速度将加快。
B2	错误假设:铝与一元酸反应更加激烈。 理论:铝与稀盐酸反应快。 证据:反应快。	因果假设:铝与稀盐酸反应放热多。 理论:温度越高,反应越快。 证据:给稀硫酸加热反应将加快。
B2	因果假设:铝与稀盐酸反应放热多。 理论:铝在盐酸中反应快。 证据:反应快。	因果假设:铝的氧化膜阻止铝与稀硫酸反应。 理论:铝易生成致密的氧化膜。 证据:打磨后的铝与稀硫酸反应将更快。
B2	错误假设:铝与稀硫酸生成的混浊物影响反应速度。 理论:无。 证据:无。	抽象假设:氯离子促进反应。 理论:氯离子半径更小。 证据:在稀硫酸中加入少量稀盐酸,反应速度将加快。
B3	错误假设:铝与稀硫酸反应生成的硫酸铝会阻止反应。 理论:硫酸铝不与稀硫酸反应,且容易有致密氧化膜生成。 证据:铝与稀硫酸反应慢。	因果假设:铝在空气中易形成氧化膜阻止铝与稀硫酸反应。 理论:铝易生成致密的氧化膜。 证据:打磨后的铝与稀硫酸反应将更快。
B3	错误假设:铝与稀盐酸反应温度高。 理论:温度越高,反应越快。 证据:铝与稀盐酸反应快。	抽象假设:硫酸根离子阻止反应。 理论:硫酸根离子半径更大。 证据:在稀硫酸中加入少量氯化钠,反应速度将加快。

191

学生编号	前测	后测
B3	其他:稀硫酸中的硫酸与二氧化硅反应完了。 理论:两者会反应。 证据:稀硫酸与铝不反应。	
B4	错误假设:稀盐酸电离度比稀硫酸大。 理论:盐酸酸性比硫酸弱。 证据:不产生气泡。	因果假设:铝的氧化膜阻止了铝与稀硫酸反应。 理论:铝易生成致密的氧化膜。 证据:①铝与硫酸反应速度慢;②打磨后的铝与稀硫酸反应将更快。
	因果假设:稀硫酸不与铝外面的氧化膜反应。 理论:氧化膜致密。 证据:打磨后的铝很快和空气接触反应。	抽象假设:氯离子促进反应。 理论:氯离子半径小,更易穿透氧化膜。 证据:①铝与硫酸反应速度慢;②打磨后的铝与稀硫酸反应将更快;③在稀硫酸中加入少量氯化钠溶液,反应速度加快。
B5	抽象假设:氯离子和硫酸根离子半径不同。 理论:硫酸根离子半径比氯离子半径大。 证据:铝与稀盐酸反应速度更快。	因果假设:铝的氧化膜阻止了铝与稀硫酸反应。 理论:铝易生成致密的氧化膜。 证据:打磨后的铝与稀硫酸反应,速度将更快。
	直观假设:铝与稀盐酸中的氢离子接触面积大。 理论:增大反应物的接触面,可加快反应。 证据:反应速度快。	抽象假设:氯离子和硫酸根离子半径不同。 理论:硫酸根离子半径大,不能穿透铝的氧化膜,使氢离子不能和铝接触。 证据:稀硫酸中加入少量氯化钠,反应速度将更快。
	因果假设:铝与稀硫酸反应放热少。 理论:升温可加快反应速度。 证据:盛稀硫酸的试管温度变化不明显。	因果假设:铝与稀硫酸反应放热少。 理论:升温可加快反应速度。 证据:给盛稀硫酸的试管加热,反应将加快。
	其他:铝与稀硫酸反应需催化剂。 理论:催化剂能加快反应。 证据:未加催化剂反应速度慢。	抽象假设:氯离子能与铝生成配离子,而硫酸根离子不能。 理论:配位理论。 证据:稀硫酸中加入少量氯化钠,反应速度将更快。

续表

学生编号	前测	后测
B6	抽象假设:氯离子和硫酸根离子对反应有重要影响。 理论:氢离子浓度相同,只有氯离子和硫酸根离子不同,极有可能与其有关。 证据:无。	因果假设:铝与稀盐酸反应放热多。 理论:温度越高,反应越快。 证据:① 铝与硫酸反应速度慢;② 用温度计测量反应后的稀盐酸的温度;③ 给稀硫酸加热,反应将加快。
	因果假设:反应放热不同。 理论:铝在稀盐酸中放出的热更多。 证据:无。	抽象假设:氯离子能与铝生成配离子,而硫酸根离子不能。 理论:配位理论。 证据:① 铝与硫酸反应速度慢;② 硫酸根离子半径更大;③ 稀硫酸中加入少量氯化钠,反应速度将更快。